本书项目来源：2016 年湖南省普通高校教学改革研究项目
（湘教通〔2016〕400 号），湖南科技学院"十三五"重点建设
学科项目（设计艺术学）

产品形态的
语义传达研究

柏小剑◎著

中国纺织出版社

内 容 提 要

本书站在产品设计的前沿,以符号学的方法以及形态设计语义和传达作为立足点,密切结合产品形态设计实践,以解决产品设计教学与研究中的实际问题。全书共分为三个部分:产品形态设计语义理论基础、产品形态语义的编码与传达、产品形态语义的应用。特别是书中大量纳入最新国内外产品形态语义理论及其研究成果,为开展产品形态语义传达实践活动提供了最新视角与经验。全书既有理论的论述,又有实践应用方法的阐述,力求在理论与实践中架起一座桥梁,使该领域的研究真正适合新世纪产品设计发展的需要。

图书在版编目(CIP)数据

产品形态的语义传达研究 / 柏小剑著. -- 北京 :
中国纺织出版社,2017.11 (2021.9重印)
ISBN 978-7-5180-3877-0

Ⅰ. ①产… Ⅱ. ①柏… Ⅲ. ①产品设计－造型设计－
研究 Ⅳ. ①TB472

中国版本图书馆 CIP 数据核字(2017)第 188102 号

责任编辑:姚 君 责任印制:储志伟

中国纺织出版社出版发行
地址:北京市朝阳区百子湾东里 A407 号楼 邮政编码:100124
销售电话:010－67004422 传真:010－87155801
http://www.c-textilep.com
E-mail:faxing@e-textilep.com
中国纺织出版社天猫旗舰店
官方微博 http://www.weibo.com/2119887771
北京虎彩文化传播有限公司 各地新华书店经销
2017 年 11 月第 1 版 2021 年 9 月第 11 次印刷
开本:710×1000 1/16 印张:17.625
字数:230 千字 定价:65.50 元

前　　言

　　产品设计是工业设计的一个重要组成部分,产品形态是产品的外在表现。形态的"形"是指一个物体的外在形式或形状,而"态"是指物体蕴藏在形态之中的"精神态势"。形态就是指物体的"外形"与"神态"的结合。而用符号学的方法来解析设计,不仅能探寻出产品设计实用功能为核心的文化价值传达,也能找出其中囊括的审美功能。为此,笔者撰写《产品形态的语义传达研究》,综合探讨产品形态语构学规则、语义学规则和语用学规则,并对当中的原理与方法应用展开详细论述。

　　本书共分七章,三个部分。第一部分为第一章,阐述产品形态设计的语义、产品设计形态语义传达的内涵及应用前景;第二部分为第二、三章,论述产品形态语义符号系统的应用约定,以及产品形态设计与符号语义传达的相关要素。第三部分为第四章至第七章,论述产品形态语义学的应用原理、应用方法、创新应用,以及形态设计语义与传达的品牌文化传播应用。

　　本书的撰写重点突出以下特色。

　　学术性。(1)本书为基础研究的继续,把基础研究发现的新理论应用于产品设计特定的目标研究,目的在于为基础研究的成果开辟具体的应用途径,使之转化为实用技术。(2)本书撰写过程中,除了充分吸收前人的优秀成果之外,笔者也展开了自己的多维思考并提出可行方法。例如,本书纳入形态设计语义与传达的品牌文化传播、形态设计语义与传播的创新应用(虚拟现实技术、计算机辅助技术为载体的语义传达创新、产品结构运行、修辞方法的运用),不仅探讨了产品语义传达设计的关键问题,同时也对设计师把握产品设计全貌及形态的深刻性、象征性有更清晰的认识。

结构性。本书以产品设计为载体，通过论述产品形态是什么，意味着什么，有何功用，如何传达等问题，使产品具有"自明性"，实现产品和用户之间的良好交流。

科学性。产品形态语义与传达研究有如接力赛，只有不断吸收新思维、新方法、新理论，产品形态语义才能真正获得延续其生命力的能量。本书从符号学视角切入，读者可以从中比较系统地掌握有关产品形态语义方方面面的知识和学问，领会产品形态语义的精髓和独特魅力。

笔者在撰写本书时，得到很多专家学者的支持和帮助，同时也参考借鉴了国内外学者的一些相关理论研究成果，以及引用了互联网中的相关材料，在这里对他们一并表示感谢。书中所引用的部分如未能一一注明，敬请谅解。写作过程中作者虽尽可能追求完善，力求著作的完美无瑕，但仍难免存在井蛙之见，诚望有识之士，不吝指教，不当之处，恳请同行楷正。

编　者

2017 年 4 月

目　　录

第一章　产品形态设计语义与传达的概念背景 ················· 1

　　第一节　形态设计语义学概述 ························· 1

　　第二节　产品形态设计语义的传达 ················· 10

第二章　产品形态语义符号系统的应用约定 ················· 34

　　第一节　形态视觉元素的符号系统 ················· 34

　　第二节　形态符号语言的任意性特征 ················· 45

　　第三节　形态符号语言的现实性意义 ················· 48

　　第四节　形态符号语言的启发性应用 ················· 52

　　第五节　形态符号语言的功能语义约定 ················· 55

第三章　产品形态设计与符号语义传达的相关要素 ············· 59

　　第一节　视觉语言的传达形式 ························· 59

　　第二节　形态符号语义的信息内涵 ················· 66

　　第三节　形态设计语义的情感诉求 ················· 73

　　第四节　形态设计语义的审美意趣 ················· 81

　　第五节　形态设计语义的视觉描述 ················· 84

第四章　形态语义学在产品设计中的应用原理 ················· 91

　　第一节　产品形态设计的概念性语义 ················· 91

　　第二节　产品形态塑造中的功能性指称 ················· 98

　　第三节　形态语义转换中的内涵与外延 ············· 101

　　第四节　形态语义传达的概念意义延伸 ············· 106

第五章　形态设计语义与传达应用方法的案例分析 ………… 112

第一节　空间形态转换应用研究 ………………… 112

第二节　操作元件功能语义传达研究 …………… 129

第三节　概念性设计形态语义传达研究 ………… 139

第四节　视觉界面识别符号化系统的应用 ……… 152

第五节　形态语义与传达系统描述及典型案例介绍 … 162

第六章　形态设计语义与传达的品牌文化传播应用 ……… 180

第一节　全球化视野下的多元文化体现 ………… 180

第二节　基于传播理论的品牌形态文化构建 …… 197

第三节　基于用户为中心的产品语义传达 ……… 214

第七章　形态设计语义与传达的创新应用 ………… 224

第一节　以现代科技技术为载体的语义传达创新 … 224

第二节　产品结构创新 ……………………… 248

第三节　形态设计修辞方法的运用 ……………… 262

参考文献 …………………………………… 273

第一章 产品形态设计语义与传达的概念背景

在形态语义学中,"形态"从广义上来讲涵盖范围很广,在本书的描述里,"形态"更多的指向与产品设计有关的图形、造型方面的形态,它是产品价值有机整体的一个重要组成部分,为产品设计提供了使用评价、功能指向和美学意义等方面的内容,同时也是设计的最终结果。因此,"产品形态设计语义与传达"是基于形态设计语义学的基本理论,从产品语义学的角度出发,研究人造物的形态在使用情境中的象征特性与功能识别要素,探讨产品形态语义学形成及其传达应用的规律与法则。

产品形态设计具有独特的视觉特征和构成规律,同时与人的知觉和心理直接关联,又与产品的材料和技术等因素密切相关,由此产品形态设计形成了一系列的符号化特征,这些都成了产品形态设计与应用语义传达的基础。因此,本章将从形态设计的视觉、知觉、心理、材料与技术以及符号化特征等方面对产品形态设计与应用语义传达基础进行说明和论述。

第一节 形态设计语义学概述

一、形态设计语义学的产生

(一)形态设计语义学的概念

形态,一般指事物在一定条件下的表现形式。在设计用语中,形态与造型往往混用。因为造型也属于表现形式,但两者却是不同的概念。造型是外在的表现形式,反映在产品上就是外观的表现形式。形态既是外在的表现,同时也是内在结构的表现形式。

通常将形态分为两大类,即概念形态与现实形态。在设计基础教学中,通常将空间所规定的形态归结为概念形态。它由两个要素构成:一是质的方面,有点、线、面、体之分;二是量的方面,有大、小之别。概念形态是不能直接感知的抽象形态,无法直接成为造型的素材。而如果将它表现为可以感知的形态时,即以图形的形式出现时,就被称为纯粹形态。纯粹形态是概念形态的直观化,是造型设计的基本要素。

现实形态是实际存在的形态,也可分为两类:一是自然形态,即山水树木、花鸟虫鱼等;二是人为形态,如产品、建筑等。如下所示:

自然形态可以分为有机形态和无机形态。所谓有机(Organic)就是有机体的意思。有生命的有机体,在大自然中由于自身的平衡力及各种自然法则,必然产生具有平滑曲线,体现出具有生命形态特征。无机形态则相反,往往是体现在几何形态上,给人以理性的感觉。

人为形态,是由人通过各种技术手段创造的形态,当然包括设计的形态。有的与设计相关的人为形态与自然形态一样,包括以下方面:(1)象征符号的形态——齿轮表示工业、镰刀代表农业;(2)模仿功能的形态——玩具等;(3)装饰形态——各种自然物;(4)模仿样式的形态——如手枪形的打火机、汽车形的电话机等,只是原形态的转用,而与原形产品功能无关。

从以上的分类中还可以派生出另外一个形态的概念——抽象形态:所谓抽象,原指抽取并掌握事物及其表象的最基础、最本质的组成部分或性质的一种理性活动。抽象形态有两种类型:一是现实形态抽象后的再现形态,这类形态往往是单纯的几何形态;二是概念形态的直观化,即纯粹形态。不论是哪一种形态都是最基础的、最本质的形态,也是人为形态赖以生成的中介,是产品设计中不可缺少的形态语言。

在对形态概念进行阐释时,必然要注意到形态学的概念。形态学(Morphology)本是生物学的一个分支,是探索生物体形态的生成和发展过程以及有关机理的学问。同时,还是进行形态分析与分类的学问。从设计角度看,形态与形态学也是两个有差别的概念。形态即表面形式,反映具体的事实。形态学,从一般意义上说是在对形态进行分类的基础上,研究各种形态的共同规律,进而揭示它们的特殊性和彼此联系,并对此做出理论概念和分析。这个以自然形态为其研究对象的形态学的观点及其成果,对人工形态的观察与分析有很多启发。所以,在设计领域会引起高度的重视与兴趣,并尝试着对人工形态的形态学分析。也就是以人工创造的形态,如,生活器具、建筑与城市等的各种外在特性(如形状、大小、色彩与材料等)为对象,寻求他们所蕴含的各种内在特性(如设计意图、价值、相互关系与人的爱好等);进行着对人工形态的可视性方面与非可视性方面的对应研究,并弄清有关对人工形态创意的机理,等等。

这里所指的语义学是关于概念形态意义的抽象原理研究,是研究形态意义的学问。狭义的语义学把一切语言因素都排斥在意义研究之外,而广义的语义学则包括由于特定的语言环境作用产生的语义。对于不同的语义,不同的学者可以从不同的角度给出不同的理解。

形态设计语义学实际上是借用了语言学的概念。从设计学的角度来看,设计语义学的主要研究对象是视觉形态、图像与识别,即象形符号语言的意义。1984年克劳斯·克里彭多夫(Klaus Krippendorff)和雷恩哈特·布特(Reinhart Butter)给出了产品语义学的定义,即:"一门研究造型在使用时的社会与认知情境下的象征意义,以及如何应用在工业设计上的学问"。

（二）产品形态语义学的发展❶

产品语义概念是由克里彭多夫(Klaus Krippendorff)和雷恩哈特·布特(Reinhart Butter)于 20 世纪 80 年代提出的。两人于 1984 年合作的 Product Semantics:Exploring the Symbolic Qualities of Form 一文中正式提出产品语义学这一概念,并在美国克兰布鲁克艺术学院(Cranbrook Academy of Art)由美国工业设计师协会(IDSA)所举办的"产品语义学研讨会"被明确提出,同时给予定义:产品语义学乃是研究人造物的形态在使用情境中的象征特性,并将此应用于设计中。它突破了传统设计理论将人的因素都归入人机工程学的简单做法,扩宽了人类工程学的范畴,突破了传统人类工程学仅对人的物理及生理机能的考虑,将设计因素深入至人的心理、精神因素。

1984 年后,设计师与心理学家、信息传播学家进一步扩展了产品语义的概念,这一年的 IDMA 刊物"Innovation"即以产品语义为主题制作专辑。1990 年赫尔辛基工业艺术大学举办了三天讲习班,由克里彭多夫、朗诺何、布拉其、迈可寇、莱恩·弗兰克分别介绍了产品符号学,荷兰菲利普公司介绍了应用产品语义学改变产品形象后的效果。通过这些讲习班,产品符号学被推广到了欧洲。

值得注意的是各专家学者除了对产品语义学做出不同的诠释外,都不约而同反省到现代主义。现代主义设计强调产品的机能导向,以产品为中心的思考模式取代了以人为中心的思考模式。在功能论的影响下,人为了适应新的科技,被动接受新的训练,直到能够适应,从而导致物(技术性)凌驾于人情感之上的局面。因此,如果把产品语义学视为"后现代主义"中关于"现代主义"反动下的思潮,是有其历史意义的。

（三）形态设计语义学与符号

产品形态语义学是在符号学理论基础上发展起来的。符号

❶ 柏小剑.产品形态语义的传达编码探索[D].中南大学,2008

学指出一切有意义的物质形式都是符号;符号是利用一定媒介来表现或指称某一事物;它的目的是建立广泛可应用的交流规则,从而产生可以被大众所理解的事物。

形态设计语义学与文字语言学一样,也有自己的符号系统。产品形态语义学是以符号的认知观来认识和研究工业产品,它的设计符号语言主要体现在形态上面。产品形态语义学与设计符号学、符号学属于层层隶属关系,图 1-1 就是符号学的分支图。❶

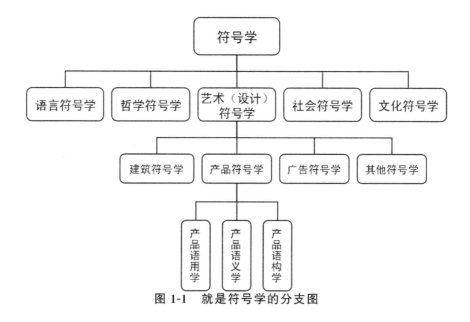

图 1-1   就是符号学的分支图

产品的外部形态实际上就是一系列视觉符号的传达,产品形态设计的实质也就是对各种造型符号进行编码,综合产品的形态、色彩、肌理、材料等视觉要素,构成了它所特有的符号系统。

产品是人类文化的物质形式,是"人—自然—社会"三者之间相互联系的物质媒介,也是人类生活方式的物质媒介,而设计的本质正是在于为人类创造一种合理的生活方式。作为人类文化产物,符号在现代设计中具有的实践性意义十分重要。符号如同产品一样,产生于人类的社会劳动,是人类专有的财富,是一种以物质为载体,体现着人们的精神需求和社会文明的人为事物。

二、形态设计语义学的特征

(一)形态语义的可认知性

形态本身是有属性和认知度的,而且伴随着人类社会的更高层次发展,其具有符号特征的属性和认知度也相应的复杂和增加,也许这和符号发现者及创造符号的方式有关,他可以把这一符号所代表的意思用一种更加简单的方式记录下来,但我们不可否认的是,即使再复杂的符号系统,像化学、生物、航天等,都是可以被认知的,只是从普及的形态意义或者是保留的层面,复杂度高和难度大的符号不利于传承记载和识别,甚至于更容易覆灭,就像很多传统的手工艺技术。在今天这个信息量极大的社会生活中,人们对符号认知的期待更加渴望,希望得到更加直接和有效的传达。

产品形态的设计语义符号具有一般符号的基本性质,通过对使用者的刺激,激发其与自身以往的生活经验或行为体会相关联的某种联想,诱导其行为,使设计易懂。好的产品造型设计则可通过视觉符号来简单、明确地说明产品的特征,避免因文字和语言障碍所造成的干扰。从语义学的概念出发,形态语义学的识别语言与文字语言都具有"传情达意"的作用,是传递信息的媒介,同时也是将人的头脑中抽象的思维尽量准确地传递给对方的手段,其认知度是反应在形态设计感知语义中的主要特征。

(二)形态语义的稳定性

形态设计语义具有稳定性特征。设计语义形成后,会以相对固定的形式记录和流传下来,成为一种知识,成为未来人们在设计类似形态时的参考。一旦构成产品的语言要素形成,这种稳定性也会成为设计师在设计过程中的指引和参考。通过这些相对稳定的形态设计语义，人们才可能实现良性的互动和交流协作，人类才有可能打破单个个体在体力、智力方面的限制以取得不断超越极限的效果。新产品的设计会做得更加有内涵，更加有的放矢，成功的几率也增加很多；而且对于产品在未来市场上表现，也能大致做一个有效的预测。

（三）形态语义的普遍性

从前面所述符号的概念我们可以得知，符号无所不指。从婴儿诞生的那一刻起，他们所感知的就是一个符号的世界：妈妈是一种符号，代表生产自己的人；衣服是一种符号，描述的是一种可以为自己带来保护的东西；食物是一种符号，传达的是一种可以为使个体生存的东西……拥有自己符号系统的形态设计语义学在设计领域中也同样具有普遍性。形态设计语义学研究的是形态语言，任何产品系统都是由若干相互联系的产品形态语言构成的有机体。任何单元体，只有赋予了意义，形成特定的符号，才能构成产品的要素。

（四）形态语义的继承性

形态设计语义学具备继承性这一特性。自人类开始使用打制石器，人类就开始了创造第二自然的历程，当然也开始了创造形态的历史。经过了人类一代又一代的努力，创造了今天人类的伟大成绩。也正是人类的这种努力，对形态的创造、概括、提炼，最终形成了我们今天有关形态的丰富内涵，成为我们进行形态设计的最基本造型元素或语言；对它们的组合、提炼、排列和整合成为造型的基本方式，从而创造出千变万化的人工形态。这对于设计者来讲，是极其宝贵的财富，其价值是无法估量的。

形态设计语义学的这一特性使我们在研究和使用人们熟知的设计语义时也就具备了更强的可靠性，也使设计语言具备了可操作性和研究的参考性。形态语义在设计中有意识的应用毕竟还是非常短的时间，仅仅处在其发展的初级阶段，随着科学技术的进步,全球一体化的加速,对于人—机沟通的要求会越来越高,形态语义学也必然进一步发展。

(五)形态语义的可创造性

形态设计的语义是可创造的。比如,一个圆最开始是没有任何设计语义的,自身不能称之为构成产品形态的设计要素。但当圆形的按钮作为产品要素时,在形态上能给人以柔和、亲切感,并可提示具有旋转功能;如果圆形按钮的顶面是微微凹下去的弧面,人们通过联想就会与用手指按压这一操作方式相联系,这样产品要素就呈现出一定的意义性,并且能被消费者所理解,产品符号系统的语义就得以形成。同圆的设计语言一样,我们的身边不断有新的设计语义形式产生。这些新的语义,在经过实践的检验而被公认为是经典的语义符号后,便被保留和记录了下来,成为以后人们在设计语义中运用的素材。可以说,人类一直都在进行着新的设计语义的创造,只不过这些新的设计语义并非都具有普适性,有些仅在小范围内存在,有些则逐渐被淘汰。

三、产品形态设计语义学的形成

(一)基于时代发展与人的精神需求外因

产品形态语义学是产品进入电子化时代后提出的一个新的概念。一方面,由于当时主宰西方设计的"形式追随功能"的设计指导思想是以几何形状作为技术美的基础,致使电子产品大部分造型是僵硬的几何形,像一个个"黑匣子",人们使用时无法感知其内部功能,处于这种设计要求下形式美的设计概念已经失去意义。另一方面,随着社会发展与进步、物质的极大丰富、消费层次进一步细化,人们对产品的精神功能需求不断提高,这些都给产品设计提出了新的要求。

产品形态语义学是 20 世纪 80 年代工业设计界兴起的一种

全新的,且具有重大变革意义的设计思潮。其严谨的理论构架,始于 1950 年德国乌尔姆造型大学的设计记号论,更远可追溯至芝加哥新包豪斯学校的查理斯(Charles)与莫理斯(Morris)的记号论。以此为基础,德国的朗诺何夫妇(Helga Juegen,Hans Juegen Lannoch)和美国的克劳斯·克里彭多夫(Klaus Krippen-dorff)明确提出了产品形态语义学,后者于 1962 年在乌尔姆造型学院毕业,任美国宾西法尼亚大学交流学教授。

克里彭多夫自 1984 年以来对产品语义学提出了广义的陈述:产品语义反映了心理的、社会的及文化的连贯性,产品从而成为人与象征环境的连接者,产品语义构架起了一个隐喻的世界,从而远远超越了纯粹生态社会的影响。克里彭多夫进一步定义:产品语义学是对旧有事实的新觉醒,产品不仅仅具备物理机能,并且还要能够:(1)指示如何使用;(2)具有隐喻价值;(3)构成人们生活其中的象征环境。根据上述定义,产品形态语义学的意义在于:借助产品的形态语义,让使用者理解这件产品是什么,它如何工作及如何使用等。简言之,将这一理论加以应用,使一件复杂的产品成为一件"自明之物",其使用界面的视觉形式及其外在形态以语义的方式加以形象化。

(二)有序集合的信息编码与组合的内图

产品形态语义学实际上是借用了语言学的概念,语言学中的语义学研究对象主要是文字语言,产品形态语义学的主要研究对象是工业产品的诸要素、结构、功能间的关系。产品的形态设计实际上就是一系列信息编码的组合与传达,通过综合产品的视觉图形、图像与形态等视觉要素,附着于产品结构之上,来表达产品的实际功能并说明产品的特征(如图 1-2 所示为产品的符号系统)。通过这个编码系统,产品设计师表达出设计意图与设计思想,赋予产品以新的生命。并通过对消费者的刺激,激发其对以往生活经验或行为的联想,诱导其行为次序来了解产品的属性和它的使用操作方法,使产品结构与使用方法明了易懂,它是设计师与使用者之间沟通的媒介。

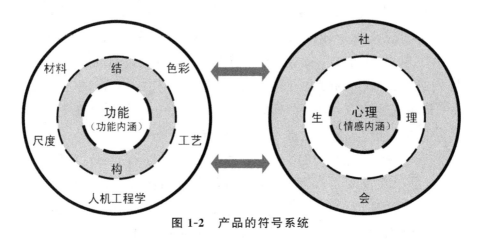

图 1-2 产品的符号系统

这种特定的有序集合信息编码与形式组合系统,基本上形成了产品形态语义学的理论基础。

第二节 产品形态设计语义的传达

一、产品形态设计语义的传达

(一)产品视觉符号的传达

传达是符号学中的一个重要术语,它是指信息(主要是抽象的信息)在发、收双方之间进行的沟通和交流的授受行为。对于产品形态语义来说,传达就是指产品的形态语义信息在设计者和使用者之间进行的沟通和交流的行为。

传达具有如下特点。

一是传达是一种以"抽象物"为授受对象的授受行为。与交换不同,传达是指一种以"抽象物"为授受对象的授受行为。它所授受的不是可捉摸、可感知的具体物件,而是一种不可捉摸、不可感知的"抽象物",如一种主观的思想、感情或客观的信息,乃至一种文化价值。对于产品形态语义的传达来说,传达的就是产品的形态语义这一"抽象物"。

二是实施传达必须借助于一种可承载这种抽象信息的载体来实现。传达的对象既是抽象的信息,那就必然是取之不得、挥之不去的东西,也就无法直接实施授受,所以实施传达必须借助于一种可承载这种抽象信息的载体来实现,并且这种载体必须是可感的,能为人的感觉器官所感知的刺激。对于产品形态语义的传达来说,这一载体就是产品的形态,包括造型、材质和色彩等。

三是传达是向收信人传送信息"忠实复制件"的授受行为。传达与交换的最大的不同还在于当你将一种思想、一份感情或一个信息传达给他人时,并不意味着在此同时你就失去了这种思想、这份感情或这个信息。也就是说传达是向收信人传送信息"忠实复制件"的授受行为。对于产品形态语义的传达来说,消费者从产品的形态里得到了设计者想要传达的信息之后,并不意味着产品就失去了这些信息,相反,产品的形态语义信息仍然保留着。

四是传达的对象不一定是特定的个人,很多情况下是某一特定的群体。实施这种传达的结果,是发信人在收信人的头脑里也创建了自己所思、所想、所感知的抽象内容,即广义的信息。❶

符号的传达是信息的传达,符号负载信息,传递信息。它是事物特性的表征,是认识事物的一种简化手段,也是思维的主体。人们在符号系统中达成相互理解,相互沟通,在此意义上,符号无疑是信息的工具(如图 1-3 所示为电磁炉操作面板上表现的功能的图标化和视觉化)。图形建构符号,符号建构信息,透过其传达与接受的互动而生成意义,但因为其传达者和被传达者都是受其思维支配行为的人,不同的民族、阶层、经历、文化、性别、年龄等因素,使传达的状态复杂化了。传达内容的成立,往往是靠体现着某些其他意义的"符号"构成的,产品的形成过程充分暗示着符号的内容。人作为生物体其感知能力是有限的,如果各种符号的

---

❶　柏小剑.产品形态语义的传达编码探索[D].中南大学,2008

形态过于相似,就会给人带来感觉上和理解上的难度,从而削弱符号传递信息的功能。符号的最后体现是通过"形"来表达其"内涵"的意义的,就像中国的汉字是理性的产物一样。建立在被传达者对美的认可上来体现传达内容,必然会对符号产生共鸣,这种共鸣是传达者所孜孜以求的。

产品形态语义学提出了新的设计思想:第一,产品应当不言自明;第二,产品语义应当适应用户,适应人的视觉理解和操作过程;第三,针对微电子产品出现的新特点改变传统设计观念。传统的功能主义是以几何形状作为技术美的基础,其主流设计思想是"形式追随功能"。现在如何将产品语义融入设计之中,传达产品信息,使用户能够自教自学,使用户能够自然掌握操作方法,这些都需要设计师对产品的物质功能做细致研究,对精神功能正确理解,从而使电子产品"透明",使人能够看到它内部的功能和工作状态。设计师担当的不仅仅是形式创造者的角色,更重要的是信息传送者的角色——"从某些方面来看,设计师们应用更多的时间去创设符号,余下的才是制造实物。"(当代最负盛名法国设计师,简约主义的代表人物菲利普·斯塔克语)

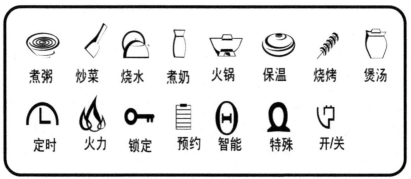

图1-3　功能的图标化和视觉化

(二)形态符号语义的转换

设计师应当尽量了解用户使用产品时的视觉感应、心理理解过程,以便对产品的形态符号语义进行转换并传达。产品形态符号语义的转换过程大致如下：设计师在获得设计构想之后，通过研究社会的经济、文化动向，了解产品的功能特征，对目标对象进行各方面（文化层次、知识结构、经济状况等）的科学分析，然后运用创造力，将构思转化为经过实践被大众所共识的视觉形态。

接下来将以电子产品为例来说明形态符号语义的转换：许多传统物件由于有长期的学习和体验，其自诞生之日起就一直沿用的造型能充分解释本身的功能，不易使人产生认知及操作上的错误。然而微电子化、集成化、智能化的发展，现代高科技产品的信息含量越来越多，产品造型依附于传统形式的程度却越来越小，使用者须通过设立一定模式（即造型符号）的引导来理解和运用产品的机能。这需要设计师在设计新的微电子产品时，从人与产品的词语交流出发，以产品形态作为设计基础，透过形态来传达产品的文化内涵，表现设计师的设计哲学，体现特定社会的时代感和价值取向，从而完成对电子产品的形态语义转换和传达。

法国著名符号学家皮埃尔·杰罗说："在很多情况下，人们并不是购买具体的物品，而是在寻求潮流、青春和成功的象征"。

例如现代派风格，用简洁的表现手法，赞颂了大工业时代机器化生产的进步，从另一侧面促进了社会向工业时代的转变。另外，人所具备的各种经验和知识（如对产品的外在形式、内在结构、功能和外部环境的相互关系的了解）都会作为理解因素渗透到对产品的认识之中。使用者的气质、年龄、性别、教育、职业等都会导致个体心理结构的差异。每个人对同一形态会产生不同的联想，对产品的目标诉求也各不相同。设计师必须通过隐喻、暗喻、借喻、联想等多种方式向使用者传达自己的理念，使产品和使用者的内心情感达到一致和共鸣——"视觉设计的作用是使人类和世界变得更加容易为人理解"。例如儿童玩具一般采用几何形状和鲜艳色彩；女性护肤品则外观线条柔和，色彩轻盈，体现女性肌肤的柔嫩与光滑。如图 1-4 所示为"Y Water"饮料，是Fuseproject 公司专门针对不同体质的儿童而设计的，共分为四种

Bone Water、Brain Water、Immune Water 和 Muscle Water，而且喝完饮料后，其瓶子还可以成为一款智力玩具；几何且圆润的造型，鲜艳诱人的色彩很能吸引儿童的注意力。

图 1-4 "Y Water"饮料瓶

产品所给予的信息与其本身的功能及使用者的愿望应是一致的。但是在很多情况下，设计师的意图不能被使用者正确理解，导致了错误的识别和操作。因此产品造型语义应当具有一定的逻辑性和科学性，能够传达足够的信息，准确地表达内容和形式之间的有机联系，这也是由产品的功能和价值所决定的。

二、产品形态设计语义学的发展

（一）产品形态语义学的分类

当代世界的特征是以电子、电磁波、信息技术、生物工程等高科技为代表的高速综合文化。随着科学技术的进步，产品的丰富，全球一体化的加速，社会渐趋高度统一，"千篇一律"笼罩着人类的衣、食、住、行、用。伴随信息急剧膨胀而来的是人们思想的多元化，工作压力激增，越来越多的人渴望独树一帜，展现自我魅力，从而更加追求个性化的表现。对追求最大利润的商家来说，需求是指导产品设计、生产的指挥棒，于是各种五颜六色、千奇百怪的商品出现在陈列柜上。如图 1-5 就是名为"Magnet Ball"的磁性球设计，它用于吸附铁质的别针，是为避免一枚枚细小的别针杂乱放置而设计的。

图 1-5　Magnet Ball

但是,作为产品设计、生产指导思想的产品形态语义学,还有很多不完善的地方,面临着一些难题有待解决,比如,语义传达的准确性与消费要求个性化的矛盾,同类产品操作指示系统由于不同符号体系构成造成的混乱和矛盾;追求寓意的丰富从而降低了产品的功能性导致走向形式主义等。标准化与个性化是事物的两个极端:完全的标准化带来准确的表意性,却缺乏对人的精神需求的关照;完全的个性化充分的满足了个体的精神需求,但从事物的整体来看会造成沟通的困难,给消费者带来极大的不便(如图 1-6 所示为产品形态的矛盾)。

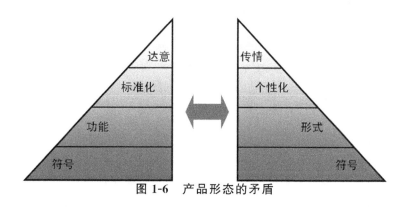

图 1-6　产品形态的矛盾

以手机设计为例,在 20 世纪 90 年代的中国市场上仅有十多个品牌,到了 21 世纪的今天,短短十几年,各品牌的手机已如天上繁星,数不胜数。为了吸引消费者的眼球,刺激消费,各厂家可谓使尽了浑身解数。对此我们颇有体会,除了键盘上从 0—9 以及 ♯、* 是已经固定了的标准化符号,能保证实现手机的基本功能外。其他都是各厂商为表现不同的个性,求异除同而附着于上的、丰富多彩的装饰以及夸张的造型等华而不实的多余物。此外,不同品牌的手机具有不同的操作系统,当我们更换手机,必须重新熟习它的各种功能与软件系统、图形含义、文字输入法等,而这大量的"个性化符号"必须经过阅读厚厚的使用说明书才能明了,这是个性化带来的麻烦之一。设计者和生产者应该反思,应如何把握好标准化与个性化在产品设计、生产中的适当尺度。产品设计不仅仅是一个简单的物体制造过程,而且是设计师与厂商为消费者制造一种"方便的"新用品、新生产、新生活方式的过程,是与大众建立传播与沟通的桥梁。一直以来产品形态语义学的研究与应用存在着概念化、个性强的弊病。一个产品设计中语义诸因素的确定取决于设计师或厂商对语义学的认知程度和水平,也取决于设计者的经验、学识,带有强烈的个人主观主义色彩。其社会适应性必然受到制约,只能作用于小部分人和小部分地区。然而,多元时代呼唤个性,如何有效控制、协调好设计产品各形态语义、要素间的矛盾,使之适合大多数人的情感需求,是当前亟须解决的一个重大课题。

(二)产品形态语义学的发展

美学大师李泽厚在《美学四讲》中指出:"艺术品总与一定时代社会的实用、功利紧密纠缠在一起,总与各种物质的或精神的需求、内容相关联。当艺术品完全失去社会功用,仅供审美观赏,成为'纯粹美'时,它们即将成为完美的装饰而趋于灭亡"。作为当代艺术与工程学产物的工业产品何尝不是如此。因此在当今各种信息资讯高度发达的形势下,产品存在的社会背景发生重大变化,已由当初单一的作为使用物质工具而转变为在使用的同时回应、传达人类的情感诉求,升华精神境界的信息载体。产品生产的重要条件也随之变化调整。产品设计必须重新审视其发展方向,产品形态语义学也应给予更大的回应,在提高人—机沟通效率、加强产品的形体、诉诸人的情感本体上发挥作用。然而,理想与现实之间存在着一定差距,产品形态语义学毕竟是一门新兴的学科,还有亟待加强的地方,我们应该反思是否在所有的方面都需要"个性化",或者应该找到一种更合适、更得体的体现个性的方式。对于个性之需求并非十分必要,我们应该尽可能地使之接近标准化,操作规范化。正如前文提到的,我们应该反思是否在所有的方面都需要个性化,或者应该找到一种更好的体现个性的方式,比如:就像计算机操作系统的做法那样,在一个公共的操作系统基础上,选择个人的配置方案。但这种系统分类的方法并不是绝对的,事实上很难或者几乎不可能将产品形态的功能属性严格的加以区分,各个形态语义都同时具有其双重性,但功能的侧重点是存在的。这种分类方法的意义就提示我们在处理产品具体形态语义的设计的过程中分清它们的侧重点,从而把握好"传情"与"达意"的度,以实现产品的"现实的出现和存在"。

　　总体来看,产品形态语义学的提出给设计界带来极大的影响,设计理论家针对产品形态语义学建立了较为严谨的理论框架,从定义、设计思想到设计原则和方法都进行了较为广泛的研究,同时也初步将产品语义学的理论运用于实践。这对于应对消费者日益高涨的产品要求、提高产品的设计品质起到了重要的作用。但是,产品形态语义学从正式提出到现在只有二十多年的时间,这对于一门学科的发展来说只是短短的一瞬,产品语义学的大致框架已经搭建起来了,希望本书关于产品形态设计的语义与传达的相关论述对产品语义学理论起到一定的补充和完善作用。

三、产品形态设计语义学传达基础

（一）形态设计的视觉构成要素

1.产品形态设计的视觉特征

区别于平面上塑造形象的图案及绘画艺术，产品形态设计划归于立体艺术与立体造型设计的范畴，其特点是以实体占有空间，限定空间，并与空间一同构成新的环境、新的视觉产物。立体是面移动所产生的轨迹。面在移动生成立体时，不是顺着自身长或宽的方向滑动，而是必须朝着和面成角度的方向移动；另外，通过面的旋转也能产生立体。与线和面一样，立体也可划分为直线系、中间系和曲线系三大类，不同的立体具有不同的性格，会产生不同的视觉心理：

（1）直线系立体具有直线的性格，如刚直、强硬、明朗、挺拔、爽快，具有男子气概。从方向感而论，还可有垂直向立体和横向立体之分，前者给人以伟大、庄严、进取、坚强的心理感受，后者则给人以舒展、宁静、平凡、亲近的心理感受。如图 1-7 所示的 2007 年中国创新设计红星奖金奖产品——紫禁城系列音响就是直线系产品的代表。紫禁城系列的创意灵感来自于紫禁城故宫和中国古文字，是一个将中国文化融入现代产品设计的尝试，垂直的立柱与两侧的散热片，水平的玻璃板与音响外部线条都产生了很好的呼应。

（2）曲线系立体具有曲线的性格，如柔和、秀丽、变化丰富，含蓄和活泼兼而有之。自然界中的很多天然形态都属于曲线性立体，例如圆润的鹅卵石、连绵起伏的山峦等。图 1-8 中的蛋椅（Egg Chair），是 20 世纪丹麦著名建筑师、工业产品与室内家具设计大师安恩·雅各布森（Arne Jaconbsen 1902—1971）的代表作，采用曲线系立体造型，亲切而柔和，极具人情味，它的扶手和椅背看起来就像抱着一颗隐形的蛋,给人十足的安全感。

图 1-7　紫禁城系列音响

（3）中间系立体的性格介于直线系立体和曲线立体之间,表现出的性格特点更为丰富,同时也更加耐人寻味。

图 1-8　Egg Chair

2.形态设计的视觉构成规律

在我们的视觉经验中,帆船的桅杆、电缆铁塔、工厂烟囱、高楼大厦的结构轮廓都是高耸的垂直线,因而垂直线在艺术形式上给人以上升、高大、严格等感受;而水平线则使人联想到地平线、平原、大海等事物,因而产生开阔、徐缓、平静等形式感。这些源于生活积累的共识使我们逐渐发现了形式美的基本构成规律和基本法则。

（1）和谐

世界上万事万物，尽管形态千变万化，但是它们都各按照一定的规律而存在：大到日月运行、星球活动，小到原子结构的组成和运动，都有各自的规律。爱因斯坦指出：宇宙本身就是和谐的。和谐的广义解释是：判断两种以上的要素，或部分与部分的相互关系时，各部分给我们的感觉和意识是一种整体协调的关系。和谐的狭义解释是统一与对比两者之间不是乏味单调或杂乱无章。单独的一种颜色、单独的一根线条或形态无所谓和谐，几种要素具有基本的共同性和融合性才称为和谐。和谐的组合也保持部分的差异性，但当差异性表现得强烈和显著时，和谐的格局就向对比的格局转化。

（2）对比

对比又称对照，把质或量反差甚大的两个要素成功地配列于一起，使人感受到鲜明强烈的感触而仍具有统一感的现象称为对比，它能使主题更加鲜明，作品更加活跃。对比关系主要通过色调的明暗冷暖；形状的大小、粗细、长短、方圆；方向的垂直、水平、倾斜；数量的多少；距离的远近、疏密；图形的虚实、黑白、轻重；形象态势的动静等多方面的因素来达到。如图 1-9 所示的灯具设计具有极强的体量对比。

图 1-9　灯具的体量对比

（3）对称

对称又名均齐,假定在某一形态的中央设一条垂直线,将其划分为相等的左右两部分,其左右两部分的形量完全相等,这个形态就是左右对称的,这条垂直线称为对称轴。对称轴的方向如由垂直转换成水平方向,则就成上下对称;如垂直轴与水平轴交叉组合为四面对称,则两轴相交的点即为中心点,这种对称形式即称为"点对称"(如图1-10所示的灯具设计)。点对称又有向心的"求心对称",离心的"发射对称",旋转式的"旋转对称",逆向组合的"逆对称",以及自逐层扩大的"同心圆对称"等等。

（4）平衡

在平衡器上两端承受的重量由一个支点支持,当双方获得力学上的平衡状态时,称为平衡。对立体物来讲不单是指实际的重量关系,而是根据形态的形量、大小、轻重、色彩及材质的分布作用于视觉判断的平衡。在生活现象中,平衡是动态的特征,如人体运动,鸟雀飞翔,猛兽奔跑,风吹草动,流水激浪等都是平衡的形式,因而平衡的构成具有动态。如图1-11为菲利浦·斯塔克(Philippe Starck)1990年设计并于1997年投产的"Hot Bertaa Kettle",壶的两部分如果分开来看,都是极不平衡的,但当它们以一定的角度和方式组合在一起的时候,便具有了平衡感。

图1-10　灯具的"点对称"

图1-11　Hot Bertaa Kettle

（5）比例

比例是部分与部分或部分与全体之间的数量关系,它是比"对称"更为详密的比率概念。人们在长期的生产实践和生活活动中一直运用着比例关系,并以人体自身的尺度为中心,根据自身活动的方便总结出各种尺度标准,体现于衣食住行的器具和工具的形制中,成为人因工程学的重要内容。比例是构成设计中一切单位大小,以及各单位间编排组合的重要因素。图1-12中的花园铲,手柄与金属器部分的比例是按照人体手臂和手腕的用力点和运动规律而精心设计的,使用起来轻巧省力。

（6）重心

重心在立体器物上是指器物内部各部分所受重力的合力的作用点,对一般器物求重心的常用方法是:用线悬挂物体,平衡时,重心一定在悬挂线或其延长线上;然后依前法重新悬挂物体,待其平衡后,物体的重心也必定在新悬挂线或其延长线上,前后两线的交点即物体的重心位置。任何物体的重心位置都和视觉的安定有紧密的关系。人的视觉安定与造型的形式美的关系比较复杂,形态轮廓的变化,图形的聚散,色彩或明暗的差异在构成设计上的分布都可对视觉重心产生影响。

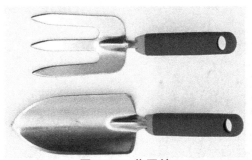

图1-12　花园铲

（7）节奏

节奏是音乐中音响节拍轻重缓急的变化和重复。节奏这个具有时间感的用语在构成设计上指以同一要素连续重复时所产生的运动感。

（8）韵律

韵律原指诗歌的声韵和节奏,诗歌中音的高低、轻重、长短的组合,匀称的间歇或停顿,一定地位上相同音色的反复及句末、行末利用同韵同调的音加强诗歌的音乐性和节奏感,就是韵律的运用。立体构成中单纯的单元组合重复易于单调,由有规律变化的形象或色群间以数比、等比处理排列,使之产生音乐、诗歌的旋律感,称为韵律。有韵律的构成具有积极的生气,加强魅力的能量。如图 1-13 所示的躺椅/座椅设计,就是典型一例,通过将坐与躺功能部分连接成一体并进行整齐的排列,从而产生韵律感。

图 1-13　躺椅设计

随着科技文化的发展,对美的形式法则的认识将不断深化。形式法则不是僵死的教条,要旨在于灵活体会,灵活运用。

（二）形态设计的知觉和心理

1.形态设计中的视知觉

在姿态万千、五颜六色的世界中,人们通过自身的各种感知器官,不断地认识和探索世界的奥秘。人的六大感觉分别为视觉、听觉、触觉、嗅觉、味觉和神经觉。其中视觉具有举足轻重的作用,视觉是人类认识活动中最为有效的感官。人的视觉感知部分约占所有感官接受外部世界信息量的 80% 以上,因此我们所说的审美知觉也主要是指视知觉。

视知觉受到外界刺激,引起兴奋,会在大脑皮层留下程度不同的记忆,即视觉印象。这种记忆会成为潜意识,不断地在大脑积累,像信息库一样,从而构成了信息网络。一旦需要,就会自然而然浮现出来,成为新信息参照、比较、判断的标准与依据。当一个人的视觉经验得以扩展,当他具备了审美知觉的时候,他从环境中的视觉形式中所得到的信息就越来越多,这时他才可能理解视觉语言的内涵并得到美感享受,也才可能感知到产品所蕴含的语义信息。

好的设计甚至都可以看作是通过语义来描绘"经验",例如获得 2007 年红点奖的"Octopus Pet"(如图 1-14 所示),这是一个海滩玩具,孩子们可以把捉来的小鱼虾放到瓶子里,也可以当作一个游泳浮筒,就像一个可爱的小章鱼一样,有着分叉的触角,带给人们美好的遐想。

图 1-14　Octopus Pet

2.视觉设计中的心理诉求

产品语义信息所引起的是一种心理活动,是指能引发遐想、引人深思、动人情怀的弦外之音,是超出产品以外的、能使人心驰神往泛起感情涟漪的语义信息。单纯的谈论语义是没有意义的,必然流于空洞,产品语义必须以人为本才具有意义。

设计的目的在于满足人自身的生理和心理需要,"需要"成为人类设计的原动力。人的精神世界是一个广阔无边的天地,人的心理和精神需求是丰富而且永无止境的。人的各种需要不断产生,也不断得到满足,同时新的需要又不断出现,如此反复,循环不断。

　　产品的消费者在不同的阶段对产品有着不同的接受状态和需要。对产品来说,首先是要满足人们对产品物质功能上的需求,然后还要满足人们对产品的精神功能例如审美等一系列心理和情感方面的需求。在人和人交往的过程中,引起了人际关系的问题,使用的物品可以用来体现自尊和成就;拥有具有创造性和与众不同的物品同时也增添了使用者的个性。正如法国著名符号学家皮埃尔·杰罗斯说:"在很多情况下,人们并不是购买具体的物品,而是在寻找潮流、青春和成功的象征。"如图 1-15 所示 Lamborghini(兰博基尼)在 2008 巴黎车展上展出了 Estoque 概念车,Estoque 是一辆引擎前置的四门四座豪华跑车型轿车,其外形一如以往 Lamborghini 的锋利,细节轮辋,风翼上的绿白红的细小标记等也很出色。人们购买兰博基尼的跑车更多的是追求兰博基尼所体现的高贵、时尚和成功的象征。

图 1-15　Lamborghini(兰博基尼)Estoque 概念车

　　人对产品的心理需求是广泛、具体和细致的,并且因时、因地、因人、因目的而异。同时人们对不同类型的产品心理需求是不同的,如医疗器械要有庄重感、严谨感(如图 1-16 为中国著名的医疗器械企业迈瑞于 2008 年推出的自主研发的双相波除颤仪 BeneHeart D6),消费类产品则要符合流行的欣赏口味,以及更尊重普通的心理要求。

图 1-16　双相波除颤仪 BeneHeart D6

（三）形态设计的材料与技术

1.材料作为符号元素的运用

材料是人类用以制作有用物件的物质基础,同时也是设计体现的起点。W.H.梅奥尔在他的著作《设计原则》中有一段非常有趣的描写:英国铁路局发现他们用强化玻璃做外板筑起的旅客候车棚经常被人砸碎,而且破坏速度不亚于修复速度。后来,他们用三合板代替了强化玻璃,这种破坏公物的行为就很少再发生——尽管砸碎三合板和砸碎玻璃所费的力气差不多,人们也就顶多在上面写一些字。

从这段描写中可知,材料作为一种符号元素的运用,其符号性意义十分明显。玻璃是透明的,能被砸碎;木材通常让人感觉坚硬,不透明,可用于支撑或雕刻;金属则表现为冷漠、坚硬,能表达一种高科技感和未来感;丝绸则是柔软和光滑的,使人感到亲近、柔和。因此不同的材料,会引发不同的感觉,并能被人们正确理解。著名的德国工业设计教育家克劳斯·雷曼就提到,一个好的设计的评判标准,并不是该设计做得多么精巧、精美和复杂,而是该设计是否完美地发挥了材料的特性,如果一个设计脱离了材料本身,无论它多么精美,这种设计也是虚假的。因此,在产品设计中,材料的运用需要十分地谨慎,它必须符合产品的功能意义。

通过对各种设计材料的运用,不仅可以建立起产品的个性,更可以作为一种设计战略,提升企业的产品形象。

木材是一种比较常用的造型材料,大多都在家居环境设计以及建筑设计中使用。木材的表面往往带有十分美丽的纹理,给人一种色泽悦目的感觉,其重量相对比较轻。因为木材自身具有一定的含水率,所以,在不同的湿度环境之中,木材往往会出现脱水收缩或者吸水膨胀的情况,这种属性可以导致木材比较容易发生翘曲与开裂现象,但有时也常常被用于调节室内的湿度。木材还具有良好的可塑性,根据木材的刚性差异可以知道,传统把木材分成硬木与软木两大类型。硬木主要包括枫树、橡树、胡桃木等,以及樱桃树与梨树等果树,通常雕刻的难度会比较大,但是不容易断裂,被广泛地应用到家具装饰或者门板制作中。软木大多都是针叶树,其具有与生俱来的特性可以使其容易着色、上蜡、滚油,或者抛光成为光亮的表面。除此之外,木材还带有不易导电、易燃烧、易被虫蛀等多种特点。

木制品的加工流程大体上如下:首先能够通过手工或者机械设备把自然木材加工成为部件,之后再组装成制品,再经过表面的处理、涂饰以后,最后能够形成一件比较完整的木制品。当然,也能够把自然木材运用层压、胶合、加热等多种加工方式制成层压木,再按照需要组装和加工(图 1-17)。

图 1-17 木椅子

金属是一种十分吸引设计师的材料类型，在装饰品、家居日用品、各种交通工具以及建筑中都被极为广泛的应用。通常而言，日用品中大都是运用金属最多的地方，其主要运用材料的类型为各类合金，因为它们可以提高金属的耐用性与强度。如今用得最为广泛的合金当属钢铁，现代家庭装饰、日用品中基本上都和不锈钢存在极大的关系，房屋的结构、管道、水槽、水池、厨具以及灶具等也都采用各类钢铁制造的。除此之外，常用的金属还包括金、银等一些贵重金属，常常用在首饰制作方面。此外，还包括铜、锡、铁、铝、锡铅合金以及青铜等。金属给人的感觉是比较冷冰的，尤其是不锈钢，由于泛着白光，总是给人寒冷之感。而黄金则给人一种温暖的颜色，这是因为其泛黄的色彩决定的。

金属的一个鲜明特点就是具有耐用性，一般都能保存千百年之久，为历代考古学家提供了大量的考古资料。金属还具有导热性、磁性以及热膨胀性等多种特征。金属的弹性，使形态的变化方面带有巨大的潜力，不仅能够被捶打、拉伸、冲压塑造成各种各样的形状，同时也能够以热加工的方式，通过翻模浇铸成形，还能够利用机器等手段对其进行车、铣、刨、钻、磨、镗等，使制品的外观造型和表面效果变得更加契合技术的需要。

塑料与不锈钢一样，都是一种比较具有现代意味的设计材料。现代设计史中出现的那几件具有标志性的作品，如瓦西里椅、潘顿椅等，使用的材料就是钢管与塑料。塑料被几位广泛地应用到日用品、家具、家电等多个领域中。作为一种高分子合成材料，塑料具有很好的可塑性，而且原料十分广泛，性能比较优良，比较容易加工成型，加工的成本也较为低廉，适合进行批量生产。通常的塑料制品都具有透明性，带有光泽，并且可以随意进行着色，不易变色。塑料还具有质轻、耐振动、耐冲击、绝缘性好、导热率低与耐腐蚀性等多个特点。其缺点是容易遇热发生变形，易老化。

塑料大体上能够分成两种，一种是热塑性塑料，它在加热或加压后容易出现不同程度的软化，可以进行多次重复加热塑化；

另外一种主要是热固性塑料,它在凝固过程中会出现化学变化,之后塑料的形状就会固定下来,之后再对其进行加热,形态也不再发生变化,即使在溶剂中也不容易发生溶解。

塑料造型根据其设计的特点,主色的不同,给人们的感觉也会不同。如下图中的三个动物造型产品,由于其造型不同、颜色各异,人们在看到它们的时候也会产生不一样的感受,白色的造型表现的是疑惑,粉色的是惊讶,而黄色的则表示的是无所谓的感觉(图 1-18)。

图 1-18　塑料造型类型

玻璃主要是指熔融物冷却凝固之后得到的一种非晶态的无机材料。在工业上得到的大量普通玻璃主要是石英为主的硅酸盐玻璃。如果在生产过程中再加入一些适量的硼、铝、铜等金属氧化物的话,则能够制成各种性质各异的高级特种玻璃。玻璃如同金属、塑料一样,也具有比较强的可塑性,在高温下能够熔化成黏稠的浆状液体,冷却之后则可以获得模具的形态,包括表面的细节等。

玻璃的表面通常比较光亮,给人一种光滑的感觉,具有一定的透明度,同时还具有明显的坚硬、气密性、耐热性等多种特性,但是受到外力之后容易碎裂。玻璃和人们的生活生产存在十分密切的关系,家居器皿、家具等,都能够采用玻璃加工制作(图1-19)。

图 1-19　玻璃制品

　　玻璃在不同的加工工艺条件下,形成的形态特征也存在很大的不同。吹制的玻璃形态大多都有圆滑、流畅的表面轮廓,而通过铸或者压的方式制成的产品则更易形成直角与硬边形态。

　　纤维和人们的日常生活存在紧密的关系,它们是一种最古老的设计材料类型。衣服、竹篮、架子等都能够使用多种动植物的纤维加工制成。因为其能够将纤维视作线状或者可以被纺成线状的东西,所以,通常都会把它和纺织品联系在一起,与毛毡制品相对立。纤维往往能够有自然纤维与合成纤维之分。自然纤维主要包括丝绸、棉麻、亚麻、羊毛等,而合成纤维主要为尼龙等多种材料(图 1-20)。

图 1-20　编结而成的灯罩

　　材料给人们带来的感觉体验能够从三个方面进行理解。

　　首先,材料本身并不具备情感,它的情感主要来源于人们对材质所产生的感受,也就是我们日常生活中经常说的质感。如果说材质是材料自身的结构与组织,那么质感则是人们对材料所表现出来的特性的一种感知,主要包括材料的肌理、纹样、色彩以及光泽等。例如,玻璃表面具有一定的光滑度、透明度,产生了透光、折射、反射等其他效果,使玻璃制品能够在明亮的环境之中显得更加璀璨夺目,光彩照人,视觉直观上也能够激发出人们对其的喜爱之感。

其次,不同的质感可以给人带来不同的感知,这种感知甚至还能够引起人们一定的联想,使人们对材料形成联想层面的情感。例如,钢管虽然能够导热,但是其摸上去却是凉的,这种材质表现出来的光滑和反光,通常都能够使人产生工业化、冷漠的联想。相比之下,那些具有一定自然纹理或肌理的木材、织物、皮毛等材料,尽管不能导热或者导热速度慢,但是却能给人一种温暖的感觉,具有人情味。

最后,人类多年来都在利用材料创作产品的经验告诉大家,材料的选择同时还应该兼顾物质和精神两个方面的需求。从客观物质方面来讲,选择材料首先应该考虑各种材料的特性及其加工的方式;从文化与精神方面来讲,材料选择还应该根据材料在千百年的造物史中被赋予的多重意义。例如,中国人对玉器的喜爱要远甚于其他国家,虽然有玉器的色泽莹润、质地坚硬这一方面的特性给人带来的舒适视觉与触觉感受,但是更多的则是由于人们"以玉比德"的文化底蕴,赋予了玉器更多精神象征的缘故。

2.技术在设计传达中的作用

除此以外,加工工艺也会影响产品的形态,如宝石刀的高速切削产生平滑光洁之感;抛光工艺产生细腻柔和之感;模压成型则能带来挺拔圆润之感等。

与新材料同样深深影响产品形态设计的一个重要因素就是新技术,每一次新技术的出现都意味着革新。如图 1-21 所示,机器人宠物 AIBO 就是典型的一例,AIBO 让科技来解释人与宠物的关系。在 AIBO ERS-220 的头部、脸部及面颊等部位运用更广泛的 21 LEDS 排列,使它能进行更丰富的情感表达与交流;同时分布有多种增强型触摸感应器,以增强反应度及与主人之间的互动。该产品很好的用技术再现了人和宠物之间的关系,赋予了机器以生命、情感和意志,极易引起使用者的共鸣。

图 1-21　AIBO ERS-220

(四)形态设计的符号化特征

产品有自己的符号系统并且有着自己的设计语言和特征。符号是人类认识事物的媒介,符号作为信息载体是实现信息储存和记忆的工具,符号又是表达思想感情的物质手段。只有依靠符号的作用人类才能实现知识的传播和相互的交往。以特有的符号排列组合方式来传递产品所承载的技术和人文信息,无疑能使其成为具有类语言功能的一种特殊符号系统。由此,产品的形态设计也就具有了以下的符号化特征。

1.直观性

产品系统中的每一个要素,在传达相应语义的时候是直接的,而不是间接的,语义的传达具有直观性。人们在对符号进行第一次视觉感知时,就能直接接收并理解产品要素所传达的符号意义。虽然因为个体和环境的差异,人们所理解的产品的符号意义不尽相同,但产品符号化特征的直观性是不可争辩的事实。

2.意义性

产品设计中的每一个元素,都应具有一定的指涉意义,因为只有具有一定的指涉意义,产品才能与外部事物发生联系,才能对用户有所传达并实现产品的功能。正如一个圆是没有任何指涉意义的,也就不存在与外部联系的意义,自身不能构成符号,但当圆形的按钮作为产品要素时,在形态上能给人以柔和、亲切感,并可提示具有旋转功能;如果圆形按钮的顶面是微微凹下去的弧面,人们通过联想就会与用手指按压这一操作方法相联系,这样,产品要素就体现出一定的意义性。

3.差异性

任何一个产品都不是孤立存在的,都必须在特定的环境中通过与人和其他要素的联系来实现其功能意义。不同文化、地域的人群,因其风俗、习惯、伦理、道德、思维方式等的不同,对同一符号会解读出不同的意义,并且这种差异性十分的明显。

好的设计所能提供的感受、情绪、情感和生命冲动的过程本身是不可能找到与之对应的词汇。一个解释者说它是"高雅的",另外一个解释者也可能说它是"低俗的"。这种情况就是"不尽意"和"只可意会不可言传"的一种表现。

4.约定性

产品符号化特征的约定性产生于它的差异性。过分的差异性将导致符号解读的混乱。同一地域、文化环境中的人们,在一定的历史条件下,逐步形成了统一的文化习惯,对同一符号的解读也约定俗成,逐步统一。

第二章 产品形态语义符号
系统的应用约定

正如我们经常使用"设计语言""图形语言"或"肢体语言"那样,作为人所制造的产品同样可以看成具有类似语言功能的一种符号系统。由于产品作为"语言"符号主要体现在形态上,因此我们对于产品语义的研究集中在形态语义符号系统上面。本章将从基本概念和分类两个方面探讨产品形态视觉元素的符号系统,在此基础上对形态符号语言的任意性特征和现实性意义进行分析;同时将对形态符号语言进行启发性应用并约定其功能语义。

第一节 形态视觉元素的符号系统

一、形态符号元素的基本概念

(一)符号学起源

符号的思想最早出现在古希腊。斯多葛派说道:"某些感官对象以及某些理性的对象是真实的。"这种真实的感官对象和理性对象就是我们现在所理解的符号。历史上第一部有关符号的著作,是古希腊医学家希波克拉底写的《论预后诊断》,它说的是如何从病人的症状(Symptom)来判断病情,因此希波克拉底也被称为"符号学之父";在此之后,古罗马医师、哲学家盖伦根据这一思路写了《症状学》一书，其书名为"Semiotics"，即我们现在所说的"符号学"。古希腊、罗马哲学家的符号论思想，对后来的西方哲学家产生了很大的影响。

17 世纪的英国哲学家洛克在《人类理解论》中把科学分为三种：第一种是哲学，第二种是伦理学，第三种是可以叫作Semiotic，就是所谓的符号学。洛克特别提到了语言、文字作为符号在思维活动中起到的替代作用。到 18 世纪，英国经验主义哲学家贝克莱提出"普遍自然符号论"，他认为观念是上帝赐给人们通晓事物的"符号"，观念的联系不是表示因果关系，而是只表示符号与其所指称的对象的关系。贝克莱试图用自然符号论来论证经验、科学与宗教的一致性。后来俄国马赫主义者尤什凯维奇在自然符号论的基础上提出经验符号论，认为表象和概念是人们随意创造出来的经验符号。德国哲学家康德延续与发展了洛克符号论思想，他提出了"一切语言都是思想的标记，反之，思想标记最优越的方式，就是运用语言这种最广泛的工具来了解自己和别人"的主张，并把符号与概念联系起来（即所谓的"用概念表象事物"）。康德还把符号划分为任意的（艺术的）、自然的和奇迹的三种。黑格尔也在《美学》中讨论了艺术符号的各个方面的问题。他把不同的艺术种类看成不同性质的符号，称建筑是一种用建筑材料造成的象征性符号，诗歌是一种用声音造成的起暗示作用的符号。黑格尔以后，德国的赫尔姆霍兹也提出了人的感觉表象是人创造出来的符号的思想。到了 20 世纪，西方的哲学家、语言学家开始创立了完整的现代符号学理论。当代美学家 M·比尔兹利说："从广义上来说，符号学无疑是当代哲学以及其他许多思想领域的最核心的理论之一。"

古代中国虽然没有关于"符号"的明确界定，但是古代汉字"符"确实含有"符号"的意思。所谓"符瑞"，就是指吉祥的征兆；"符节"和"符契"都是作为信物的符号；"符箓"为道教的神秘符号。先秦时期公孙龙《指物论》，可以说是中国最早的符号学专论。在古籍《尚书》中，注释者说："言者意之声，书者言之记。"不仅说明了语言是一种符号,而且指出文字是记录语言符号的书写符号。

(二)现代符号学先驱

现代符号学理论的两大先驱是索绪尔和皮尔士,他们分别提出了二元论和三元论,为现代符号学的发展奠定了基础。

瑞士语言学家费尔迪南·德·索绪尔(Ferdiand De Sausure,1857—1913)(如图 2-1)于 1894 年提出符号学(Semiology)概念,期望建立一种科学,使语言在其中能得到科学的阐释。他指出语言是一种表达观念的符号系统,并设想有一门科学是研究社会生活中符号生命的,这就是符号学,而语言学不过是这门一般科学的一部分。索绪尔认为每种符号(sign)可分为符征或意符(signifier,就语言符号而言即音响形象)与符旨或意涵(signified,就语言符号而言指概念意义)两种层面。前者称"能指",指物体呈现出的符号形式,例如声音、文字或设计物形式;后者称"所指",指物体潜藏在符号背后的意义,即思想观念。能指与所指建构出事物得以成立的两面性。

图 2-1　费尔迪南·德·索绪尔

罗兰·巴特(Roland Barthes)系统地整理了索绪尔的语言符号学理论,并严格地区分了语言和言语。他认为"语言既是一种社会习惯,又是一种意义系统",而"言语根本上是一种选择性的和现实化的个人规约",语言和言语处在一种辨证的相互一致的关系中。他对符号也做了类似的分析。他把符号的被表示成分(所指)和表示成分(能指)作为符号分析的基本条件和手段,把符号因素扩展到主体和客体的两个方面;同时他把符号主体和符号客体都分为两个层次:"一个表达的内容""一个表达的形式",换一种说法就是"一个内容的内容""一个内容的形式"。

英国学者奥格登(Ogden)与瑞恰兹(Richards)在所著的《意义的意义》(*The Meaning of Meaning*,1938)一书中对索绪尔的观念做了一个修正。他们认为索绪尔只以能指与所指二分法去界定符号是不够的,索绪尔的说法无法区分抽象层面与实质层面,因此,他们增加了另一要素——指涉物(Referent)来说明符号指涉的实质物体,以强调对符号的理论说明,并以象征代表索绪尔的所指,以指涉内容或思想内容来代替能指,从而组成了一个"语意三角",形成了较完整的符号学理论。

美国实用主义哲学先驱者之一、哲学家和逻辑学家查尔斯·桑德·皮尔士(Charles Sanders Peirce,1839—1914)(如图 2-2)从 1867 年开始研究符号学,提出了符号三元论。皮尔士把符号解释为符号形体(representamen)、符号对象(object)和符号解释(interpretant)的三元关系。如果说索绪尔侧重于符号社会功能的探索,那么皮尔士则是注重符号自身的逻辑结构的研究。他认为从符号与它指涉的对象的关联上,可以区分出如下三种不同的类型:图像符号、指示符号和象征符号。图像符号是通过模拟对象或与对象形象的相似而构成的,如肖像就是某个人物的相似因此可辨认出来;指示符号与所指涉的对象之间具有因果的或时空上的联系,如路标是道路的指示符号,门是建筑出入口的指示符号;象征符号却与所指涉的对象之间并无必然的或内在的联系,它是约定俗成的结果。它所指涉的对象和有关意义的获得,并不是由个人感受所产生的联想,而是社会习俗造成的,如红色代表革命,牌楼标志着里坊等。

图 2-2　查尔斯·桑德·皮尔士

在皮尔士和杜威的理论基础上,皮尔士的门徒 C·莫里斯(Morris)进一步提出了行为符号学,他从三种功能意义上对符号行为做了规定,即标识、评价和指令作用。他在 1938 年出版的《符号理论基础》中把符号学分为语构学(Syntactic)、语意学(Semantic)、语用学(Syntactic)三个部分。语构学研究符号在整个符号系统中的相互关系;语意学研究符号所表达的意义,即符号与意义之关系;语用学则研究符号使用者对符号的理解和运用。莫里斯的理论既是皮尔士理论的延伸,更加深了符号理论的广度及深度,由此逐渐促成符号学向独立学科的发展。

二、视觉符号系统的基本分类

符号的分类法五花八门,可从符号的形式分类,也可从符号的性质分类,或者按学科分类。其中又以皮尔士的"图像性符号、指示性符号和象征性符号"三分法较为合理及贴近我们的设计工作。下面就以这种方式为例介绍符号的分类。

(一)图像性符号

图像性符号是通过"形象肖似"的模仿或图似现实存在的事

实,借用原已具有意义的事物来表达它的意义。这种符号通常以图像形式出现,直观明了,"易读性"高,与要表达的意义关系密切,一般直接借用自然存在来表达意义。如图2-3的咖啡勺设计就是运用人的表情符号,从而产生了不同的内涵意义。

图像性符号又细分为表现性图像符号、类比性图像符号和几何性图像符号三种。

图2-3　有表情的咖啡勺

1.表现性图像符号

这种符号通常是以自然界的事物为题材,通过排列组合,人为的赋予它们一定意义。如图2-4所示为一款水果盘的设计,设计师以自然环境中的蜂巢结构为设计来源,将其六角形的形式应用于水果盘上。

图2-4　"蜂巢"水果盘

2.类比性图像符号

人们还经常直接取材于自然界的事物,利用其本身所具有类似特性来类比其他事物。这种符号就叫作类比性符号。

众所周知马是动物中跑得又快,又外表高大英俊的一种。人们常常借马来象征力量、速度和征服等情感,就是看中了马的这些自然特点。通常马的这些特点是人所共知的,但又不同于松、竹、梅那样是人们硬加上去的,所以这种类比性符号更容易在大范围引起共鸣。如图 2-5 所示为福特"野马牌"汽车的新车标,线条明朗尖锐,与时俱进。

图 2-5　福特"野马牌"汽车新车标

3.几何性图像符号

这类符号基本是人为创造出来的几何图形,不同于自然事物的是它的简洁明了,但要在一定文化范围内人为地赋予它一定意义。各种商标、标志基本属于此类符号。

同一符号,在不同的时间、地域中却有着截然相反的指涉物,在中国或是亚洲的设计作品中出现的吉祥含义的"卐",是绝难被西方国家的民众所接受的,他们无法理解这个符号不同于他们习惯的象征。但不论它代表了何种意义,也不会改变它是意义的承载体,即典型的几何图像性符号这一本质。

（二）指示性符号

指示性符号是利用符号形式于所要表达的意义之间有"必然实质"的因果逻辑关系，基于由因到果的认识而构成指涉作用，来达到传达意义的目的。如路标，就是道路的指示符号；而门则是建筑物出口的指示符号。

指示性符号又细分为机能性指示符号、意念性指示符号和制度化指示符号三种。

1.机能性指示符号

机能指示性手法是基于机能因果关系而表现其意义的，因此基本上所有机能性的构件都可以算作此种手法的表现。如图 2-6 所示的 CD 播放机则将设计的"自明性"和对使用者的适应性有机结合了起来，产生了合理的机能性指示符号，使得使用者能轻松操作机器：为了方便使用者的认知和操作，设计师不但将机盖设计成透明的 CD 大小的圆形以便将产品的身份直观地表现出来，并且用了使用者更为熟悉、更具亲和力的拉绳开关取代了电子产品中普遍使用的各种按键开关。这样，在使用者直觉性的拉绳过程中，CD 机便启动了。这个简单的设计为设计师深泽直人赢得了 IF 金奖和设计周金奖。

图 2-6　深泽直人设计

2.意念性指示符号

这类符号通常以某种形式的形象出现,用以表达人们的某种精神。在汽车设计中,为了表达高速的理念,人们往往借用飞机的机翼或尾翼来表现,如图 2-7 所示的美国罗恩汽车公司最近发布的一款名为 Scorpion 的跑车,其尾部采用了类似于飞机机翼的部件。

图 2-7 Scorpion 的跑车

3.制度化指示符号

传统艺术符号除了功能性与意念性指示手法外,还有另一独特现象,就是源于社会制度造成的指示性效果。例如在许多国家,政府部门的配车要遵循一定的规则,什么级别的机构或官员配备什么级别的公车,一般人大致能够从公车的类别上看出使用者的级别高低,这就是汽车所表现出来的制度化指示符号。

(三)象征性符号

象征符号与所指涉的对象间无必然或是内在的联系,它是约定俗成的结果,它所指涉的对象以及有关意义的获得,是由长时间多个人的感受所产生的联想集合而来,即社会习俗。比如红色代表着革命,桃子在中国人的眼中是长寿的象征。而在产品设计中,苹果公司的 LOGO 及产品则成为高品质的象征,如图 2-8 所示为苹果 iMac 电脑。

图 2-8　苹果 iMac 电脑设计

民族艺术符号赋予意义的象征性手法，可以分为惯用性的象征手法与综合性的象征手法。

1.惯用性象征符号

传统艺术上的惯用性象征符号还可以再细分为三类：

第一类是纯粹的约定俗成的作用。

第二类是原始符号本身已经隐含着象征的意义，继续约定俗成的使用后，其原始意义逐渐弱化，替代的是其象征意义。

第三类是有意创设出"象征"的符号对其赋予某种意义。

2.综合性象征符号

透过多种意义的联结，通过联想来达成另一种新的象征意义，就是综合性象征符号。例如中国人结婚多摆上红枣、花生、桂圆和瓜子，各取一字为"枣生桂子"引申为"早生贵子"，这类手法在中国传统文化中较多见。

（四）其他符号

1.文字符号

文字系统也像语言系统，本身就是社会约定俗成的符号，人们对文字的应用就是对文字的指涉意义的应用。它可以表达许多因在传统艺术符号本身的材料、构造、机能限制下无法表达的意义,弥补了将传统艺术符号当成意义传达工具时的先天不足。

2.色彩符号

各种色彩在人类文化中也有不同的象征意义。与具体象征形态不同,色彩符号是较特殊的一类符号,只有颜色的区别没有形态的羁绊。在不同的社会文化背景下,色彩所象征的意义也会随之改变。如通常白色象征纯洁、真理、清白和圣人神灵等,而黑色则是邪恶势力的象征,蓝色象征无限、永恒、奉献、忠诚智慧等,这些都是色彩符号在社会约定俗成下所带来的象征意义。

如图 2-9 所示西门子最近设计出一款概念手机设计"叶子"。"叶子"采用独一无二的流线型设计,其灵感来自春天的绿叶。这款手机采用了可回收环保材料制成,而且采用的也是太阳能节能能源,其 OLED 屏嵌入到半透明的机身内,很有浑然一体的感觉。这款设计的形态和色彩的主题,其主体诉求得到了很好的体现。

图 2-9 西门子概念绿色环保手机

第二节 形态符号语言的任意性特征

一、任意性中的绝对与相对性

符号的种类可谓纷繁复杂,这么多的符号最初是怎么创造出来的呢? 而创造符号又有什么规则呢? 这里就不能不说到符号语言最重要的一个特征——任意性特征。下面我们就以语言符号为例来分析一下符号语言的任意性。

语言符号的最大特点是它的音与义的结合是任意的,由社会约定俗成。外国人学汉语碰到一个新词,无法从读音推知意义,也无法从意义推知读音,这说明音与义之间没有必然的联系。音义结合的任意性是形成人类语言多样性的一个重要原因。不同语言可以用不同的音来表示相同的事物(如汉语的"shu"和英语的"book"),也可以用相同的、类似的音来表示不同的事物(如汉语的"哀"和英语的"I"),这些都是符号任意性的表现。

索绪尔明确指出:"我们把概念和音响形象的结合叫作符号"。在明确了索绪尔的"语言符号"是什么之后,我们进而讨论索绪尔的"语言符号任意性"指的是什么。索绪尔指出:"能指和所指的联系是任意的,或者,因为我们所说的符号是指能指和所指相联结所产生的整体,我们可以更简单地说:语言符号是任意的。"但是一个语言符号一旦形成并进入特定的语言系统,它就有了"强制性",不能随意改变。

因此,"语言符号任意性"可归纳为两点:其一,符号的"能指和所指的联系是任意的";其二,符号不可论证,即"对现实中跟能指没有任何自然联系的所指来说是任意的"。索绪尔为了全面的阐述语言符号任意性原则,又进而把任意性分为绝对任意性和相对任意性两类。

可是符号的任意性只是就创制符号时的情形说的,符号一旦进入交际,也就是某一语音形式与某一意义结合起来表示某一特定的现实现象以后,它对使用的人来说就有强制性。如果不经过重新约定而擅自变更,就必然会受到社会的拒绝。就好像一个英国人去到法国,虽然单词差不多,但语法、发音都不一样,同样会严重影响交流。而且符号本来就是约定的,只要大家接受,无所谓好坏,因而也没有变更的必要。所以虽说符号有任意性的特点,但每个人从出生的那天起,就落入一套现成的语言符号的网子里,只能被动地接受,没有要求更改的权利。所以,符号中音义结合的任意性和它对社会成员的强制性是一件事情的两个方面,不能借口任意性而随便改变音与义之间的结合关系,除非整个社会都接受才能改变这种关系。当然这也不是绝对的,当新事物出现,人们需要为其命名时就会创造出一个新的符号。

上面我们讨论了语言符号的任意性,其实不只语言符号,所有符号都同样具有任意性特征。只是我们现在接触到的大多是已经进入交际的符号,经过流通,这些符号的意义和形式已经趋于相对稳定。人们已经对符号的某一任意意义达成了统一约定,也就是说,符号中能指与所指间的搭配关系已经形成。

二、任意性特征的运用与拓展

在产品设计中,人们经常可以看到用竹的形态来隐喻气节高尚,极有骨气。事实上竹跟这些风格是毫无关系的,即是说把竹跟这些风格组合在一起是任意的,人们不过是利用了它的一些生理特征。我们可以用莲、梅、松甚至是你家后院的一株小草来比喻这些风格,但前提是大家都能接受这种比喻。

当我们明白了符号的任意性特征之后,就要合理地利用既成的符号语言来为设计服务,同时依然可以根据这一特性来创造新的符号。例如 20 世纪 60 年代在日本发展起来的高技术风格产品。与其说这是一种风格,倒不如说它是一种新的符号,它没有固定的形态,但有统一的特征。产品多采用直线的形体,精致的面板,复杂的功能按钮,这些形式都在告诉人们,这是一件多功能、高技术的产品。这种风格在电器产品,尤其是音响上较为多见。如 Pioneer 的产品就将这种符号运用到了极致,图 2-10 所示为 Pioneer 的音响产品。相对来说这种符号的创造迎合了当时人们对"高技术"的购买欲,因此在后来的产品设计中得以保留。人们看到众多按钮就会联想到功能和技术,虽然绝大多数的按钮不会被用到,但人们认同的是这种符号所带来的技术价值。在此之前按钮仅代表单一的功能,而通过这种密集的运用后,众多按钮就成了符号,象征着高技术的符号为大众所接受。这就是新符号的创造,正是这种符号的成功创造,使日本电器曾一度成为大众购买的热门,甚至很多欧美厂商都曾运用这种符号来打造自己的产品。

图 2-10 Pioneer 音响产品

因此了解符号的任意性后,我们就能更好地运用和创造符号,进而在产品形态设计中更好地运用这些符号语言来突出主题。

第三节　形态符号语言的现实性意义

一、形态符号语言的意义分类

符号是现实社会的一个重要组成部分,可以说生活的方方面面都离不开符号。符号在形态、材质、色彩、结构、制度等等各方面都用于承载社会意义。

(一)形态的象征性

形态代表了当代、当地人们的审美意识,因此造型中的有机形态和几何形态常被加上新的含义。例如德国功能主义产生了机械美学的几何造型,这代表了德国人喜欢简洁、崇尚效率,用在产品造型上必然是几何形,其中包豪斯的设计就是这种风格的典型代表。在这里,几何形线条便是欧洲产品设计的符号,在形态语言中体现了欧洲人的审美意识(如图2-11、图2-12所示)。

图 2-11　不锈钢水壶

图 2-12　躺椅与脚凳

(二)材质的象征性

材料的种类极多,常依其存量而决定其价值,众所周知,黄金即是财富的象征。此外,不同的文化背景,不同地域所生产的材料不同,如此我们可由材料得知制品的特殊意义。如奥运会奖牌便是一种代表荣誉的符号,它分别有金、银、铜三种质地的奖牌,代表着不同层次的荣誉(如图 2-13 所示为 2008 年北京奥运会奖牌)。

图 2-13 2008 年北京奥运会奖牌

(三)色彩的象征性

色彩所拥有的象征意义,不同文化有相当不同的看法,例如意大利的民族热情从他们使用的鲜艳色彩可感受到。色彩除了能表示感觉外,相同的色彩之于不同民族的人具有不同的意义:以黄色为例,东方代表尊贵、优雅,西方基督教则以为耻辱象征;又如红色,西方作为战斗象征牺牲之意,东方则代表吉祥、喜庆之意,同样的色彩对不同的地域产生不同的文化观。因此在很大程度上,产品颜色成了决定人们是否购买产品的主要因素之一。在设计中更要结合产品销售地人群的生活习惯、喜好和产品本身特点等来选取适当的颜色。

（四）结构的象征性

对于结构比例的看法，最明显的即是东西方文化间的差异。古希腊固执于黄金比例与严格的对称要求，这种理性的看法与中国的知觉感性成对比。另外活泼的民族也较喜欢采用曲形不规则结构，因不平衡的结构易带给人动感、富有生命力之感；而态度较为古典保守的英国设计，呈现的则是严谨的结构原则。

（五）制度的象征性

一些物品的造型是来自古代器物的制度，这些制度反映当时的社会意识与哲学思想。以"琮"为例，内圆外方的外形，代表了古代哲学里的宇宙观：天圆地方，"琮"的方圆体相贯串起，即是天地贯通的象征。以现在的眼光来看，由产品的造型、尺寸等特质，就可大略得知该地区的法规限制。例如经常会有同种产品，因不同的区域法规而做功能或造型上的修正。

二、符号现实意义的具体表现

2002 年，流氓兔的造型风靡中国，它以其精彩的情节与令人瞠目的视觉效果征服了广大的观众。观看这样一部动画，是时尚的体现，已成为代表"时尚"的众多符号之一。如今市场上很多商家，受到了这部动画的启发，创造了一群在形象上类似电影中主人公造型的形象，目的就是希望借此传达给观众这样一种信息：即购买和使用这样的产品是一种同观看动画流氓兔一样的时尚行为，是你永远紧握时尚脉搏的生活方式之一。而目标消费群正是这样的追求生活时尚的群体。可以想见，在更早些的时候，当这部动画还未为人所知的情况下，设计者是不会想到使用这些形象的，这些形象不可能被人们所认可的。因为当时代表时尚的符号中并没有这样的一部动画或其中的形象。可见当一个新创符号成熟时，社会就会赋予它这样那样的语意，产生语意文化，影响人们的思维,这便是符号的真正价值,也即符号的现实意义。

作为思维过程或是符号表达方式的平面设计作品,它所挑选、组合、加以运用的符号元素应是具有明确指涉功能的符号,应与其所处的空间、时间、社会现实的要求或表现相一致,这样才能恰如其分的发挥应有的效用。这就要求设计者必须把握他所应用的符号可能存在的变量,保证这些符号的当前值正是设计者表达思想感情的所需值,而不是它们既有的、曾有的或可能有的其他含义。

没有什么问题能像与符号有关的问题那样与人类文明的关系如此基本且复杂的了,符号与人类知识和生活的整个领域有关,它是人类世界的一个普遍工具,就像物理自然界中的运动一样。作为人类表达意识、传达信息的手段与方式之一的视觉设计,也同样是依赖于符号学这一工具的,艾柯甚至提出"人是符号的动物"的观点。平面图形设计的目的是人与人的交流,而符号无疑是必然的交流工具。作为设计者的我们,学习运用符号学的工具会使设计更具有效的功能。设计作为传达思想的媒体本身就是符号,设计又是由符号元素构成的,设计者成功的挑选、组合、转换、再生这些元素,汇集成为指涉自己思想的符号,成为自身与受众共同认可的符号,使得沟通真正形成,信息准确完整地传达,设计这一思维过程才是完满的。

产品设计亦是如此,我们可以将产品看作是多元平面,如果能巧妙地运用符号语意将有助于人们对产品的认同。众所周知苹果电脑的设计是世界一流的,不论是造型还是色彩都体现出其对品质的精益求精,从其聘请世界大师帮其调配色彩,运用汽车轴承制造工艺生产电脑悬臂等就可看出(如图 2-14 所示苹果公司的 iMac G4)。现在很多人购买苹果电脑并不完全是因为其性能突出,更多的是将其看成是一件艺术品来欣赏。甚至在美国电影中,主角一般都是用苹果电脑,反面人物才用 IBM 等,因为他们认为苹果是精英的象征。虽然这只是一家之言,但也从一个侧面反映出苹果电脑的产品语意运用非常到位。由此可以看出,符号的现实意义是极其重要的。

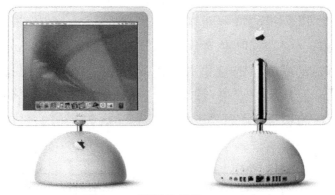

图 2-14　苹果公司的 iMac G4

第四节　形态符号语言的启发性应用

设计中对符号的应用有直接和间接之分。从某些作品中可以直接找到符号性的元素,而在另一些作品中却似乎很难发现符号的存在。实际上符号是无处不在的,只是根据需要作用方式不同而已。可以分三种情况来考察这个问题:

一、符号语言的直接运用

符号语言的直接运用是指作品本身就是以符号的形式出现的。比如标识类设计,由于这类设计以图形为基础,以达意为生命,强调小而精,因此被浓缩得几乎等于符号本身。北京 2008 奥林匹克申办标志,运用奥林五环色组成五星,相互环扣,象征世界五大洲的和谐、发展,图形好似一个打太极拳的人形,传达出北京奥运这一信息;中国联通标志,以中国传统图案"中国结"作为基础,形成空间图案,形象地表达出科技、现代、传递、发展的企业特点;著名的电器品牌康佳电器的标志更是以简洁取胜,"KONKA"字首"K"、显像管和电话,在两个几何色块的变化组合中得以实现,表现出鲜明的行业特色和独特的企业文化。在这类设计作品中,常常是把几个元素巧妙地组合起来,然后将其简化,得到类似符号的图形,也就是将图形符号化,形成独特的视觉语言。

　　巴黎卢浮宫入口的设计无疑是符号运用的典范,贝聿铭直接将金字塔的符号运用到卢浮宫的入口设计中,避开了场地狭窄的困难和新旧建筑矛盾的冲突,达到艺术上的完美统一(图 2-15)。

图 2-15　巴黎卢浮宫"金字塔"

二、作为基本元素的应用

　　形态符号语言作为基本元素使用的时候可以理解为具有既定含义的图形或实物。通过将图形或者实物的意义(包括内涵、形态、色彩等)进行延伸,得出与原来的事物相关的符号概念,然后将这些符号作为基本元素应用到设计当中,使之发挥原来的固有意义或者新的延伸意义。这时,形态符号就作为新的设计中的一个有机组成部分,彼此相互组合、相互作用共同表达设计者的设计理念,发挥新的功能作用。需要指出的是这些形态符号也具有相对的独立性,但是这种独立性是建立在彼此联系、相互作用共同表达特定语义的基础之上的,所以作为基本元素的形态符号是受到既成设计语义的约束和影响的,不能自由地进行意义解析。这种手法在招贴设计中运用较多,在产品设计中同样也有这类运用。如图 2-16 所示是日本的设计师 Tadahito Ishibashi 设计的咖啡机,他将该款咖啡机设计成了意大利跑车的操纵表盘的形状,操作按钮和显示装置都设计成类似于跑车操作表盘的形态;在色彩上也采用了法拉利跑车特有的红色,看起来就非常的酷,非常的时尚;你甚至可以在制作咖啡的过程中体验一下操作法拉利跑车的美好感觉。

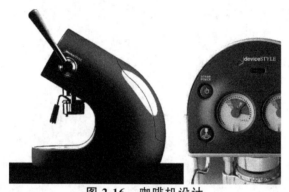

图 2-16　咖啡机设计

三、视觉形象中的符号性因素

并非所有设计中符号都是明显存在的,相反,大多数设计会以更含蓄的方式传达信息,而符号本身则藏在幕后。换言之,符号可以是一种态度、一种行为方式、一种文化立场等等,通过有形的、有效的载体表现出来,而寻找这种载体的过程就是设计。武汉江汉路步行街设计,其中安排四个真人大小、体现地方特色的雕塑可谓颇具匠心。现代都市生活越来越多元化,在城市雕塑中安排那些具有历史感的、为人熟悉的因素,会给人带来平衡感和归宿感。北京王府井步行街上保留完好的一口老井与此也有异曲同工之妙。与北京和武汉这些历史名城相比,深圳是一座新兴的、以外来人口为主的城市,为了传达其特有的都市气息,深圳世界之窗前人行道上采用的则是匆匆的行人、拍照的游客等具有现代感的雕塑小品。不同城市、不同风格的雕塑带给人不一样的都市情怀,这正是设计师将符号语言融入作品之中的成功典范。

设计是一门综合性的交叉学科,它是沟通和联系人—产品—环境—社会—自然的中介,直接影响人的生活方式。值得一提的是,绿色、环保已经成为当今设计的共同主题,绿色设计是以节约资源和保护环境为宗旨的设计意念和方法;而其他诸多方面,如流行风格、民族特征、传统特色等文化因素也成为未来设计的一大潮流。设计工作者应该从上述种种方面入手,发掘符号的潜能,将人文、科技、环保等思想融入设计符号中,更多的传达出设计师对社会的关注和对美的追求。

第五节　形态符号语言的功能语义约定

人类的一切社会活动,包括学习、交流、设计和创造等都是基于一套复杂的形式与意义对应关系的社会约定。这套知识体系是人所处社会带给他的,是其认识世界的知识和经验。没有这套约定,就会产生极大的混乱,人与人无法准确沟通。实际上人类文明很大一部分就是建立在这个约定的基础上的。

符号语言是为了传达设计者的意图和思想而存在的。同文字语言一样,为了能准确无误的表达和交流信息,必然要基于一定的社会约定俗成;要解读符号语言,同样也要全面掌握这套约定。而产品语义学正是讨论如何创造和运用这种约定的艺术。

一、人因因素的约定

(一)人类生理特征的约定

人的生理特征是基本稳定的。人的尺寸(包括身长、肢长等)、活动幅度、生理节奏、运动速度、力量等大体相同,有规律可循。当产品按照人的生理特征设计时,人们对其会产生本能的适应和理解。如椅子,其形态可能是千姿百态,但总是有供人坐下的结构,以适合人们休息,这种结构就是其符号语言。

(二)人的心理特征的约定

利用心理约定可以将意义传达给环境的使用者。人的视觉对外界的刺激有着近似的反应,如高大的空间给人雄伟感,矮小的空间令人感到亲切;太近的物体让人感到压抑,开阔的空间让人感到空旷等等。还有听觉、嗅觉和触觉等各方面,人的感官对这些刺激的反应也是有规律可循的。设计符号就是从人的行为规律入手,分析各种设计要素与实用、交流、私密性、公共性等意义的种种约定关系。

设计者与使用者必须共同拥有一套完整的社会约定,这样通过设计符号,设计者的意图才能被使用者理解和接受,设计产品才能与使用者的行为方式相适应。

二、环境因素的约定

(一)自然条件的约定

在自然环境不同的地区内,人们因地制宜,创造了各种不同的风格,不同形态的产品,在自然、产品和意义间建立起了某种对应关系。如我国北方民居多为硬山式屋顶,山墙较厚,是为了防火防风;南方民居则多为悬山式屋顶,窗户多,是为了防雨、防潮、防暑,这些说明同一民族在不同环境也会产生不同的意识形态。

(二)经济技术的约定

经济技术同样也对符号产生了影响,符号的发展是随着经济技术的发展而前进的,在不同的经济技术条件下,就会有相应的约定体系与之相匹配。不符合时代的形式和意识最终会被历史所抛弃。

（三）世界观的约定

由人们的世界观建立起的约定关系属于一种"习俗联系"。譬如中国人强调天人合一，建筑处处体现与自然的协调，讲究返璞归真。因此这种由世界观产生的约定同样重要。

（四）伦理约定

伦理道德也在设计符号与功能意义间建立起多种约定关系。伦理是人与人相处的各种道德准则，它作为社会文明的一部分，对符号的影响不容忽视。中国古代封建伦理道德曾统治国家几千年，等级制度体现在建筑等各个方面：同样是屋顶就分为庑殿式或重檐庑殿式、歇山式或重檐歇山式、悬山式、硬山式和攒尖式。其中庑殿式或重檐庑殿式、歇山式或重檐歇山式只能出现在皇家，或高级的建筑上，以示"尊贵无比"，民间就只能用硬山式和悬山式屋顶。

三、生活方式的约定

生活方式是连接人与社会、人与环境的纽带，对设计符号的约定性也具有至关重要的影响。如我们日常生活中使用的筷子，罗兰·巴特在《符号帝国》中认为，筷子作为一种工具，首先其形式有指示功能，其次筷子体现了"夹住"这一富有刺激性的动作，最后它体现了一种最美的功能，使用筷子可以转移食物而不破坏食物，不像西方人使用的刀叉。我们习惯用筷子，而不习惯用刀叉，这里包含了我们所生活的环境和文化的内涵；我们乐于使用筷子而讨厌使用刀叉，这里包含了我们所生活的环境和文化所决定的情感内涵。

符号语言的功能约定关系是我们运用符号和理解符号的一

把钥匙,作为设计者,尊重这种约定,不仅可以很好地满足人们的物质要求,而且可以准确反映文化传统和价值观念;作为使用者,掌握符号的种种约定关系,可以更好地理解设计产品的意义,更加自如地使用产品。因此,怎样认识和把握符号语言的功能语义约定就成了设计者的必修课。

第三章　产品形态设计与符号语义传达的相关要素

本章从分析形态视觉语言的传达形式出发,以符号的观点揭示产品形态设计与符号语义传达的信息内涵,并以此为基础探讨形态设计语义的情感诉求和审美意趣,最终对形态设计语义的视觉传达过程加以描述和总结。

第一节　视觉语言的传达形式

顾名思义,视觉语言是诉诸人类眼睛的语言形式,即人眼所能捕捉到的形象信息。人们根据各种各样的需要,选择相应的材料和表现形式(雕塑或是绘画、具象或是抽象等等),运用一定的原则和方法,在一定的范围内控制各种元素之间的关系,最后形成能够传达特定信息的图像。视觉语言是由视觉基本元素和设计原则两部分构成的一套传达信息的规范或符号系统。其中,基本元素包括:线条、形状、明暗、色彩、质感、空间,它们是构成一件作品的基础。

一、传达特征与结构因素

视觉语言涉及的范围十分广阔,我们可以按以下几个方面做大略的区分:媒介、空间特性、时间和功能。按创造视觉形象的材料(媒介)、技术可以分为:绘画、雕塑、建筑、摄影、电影、产品等;按视觉形象的空间特征可以分为平面图像和立体图像或是二维和三维。

我们一般将底层结构理解为图形符号的物质基础,即点、线、面基本形态要素及组合,底层造型要素构成上层结构形式和语义赖以寄托的物理介质。这些要素本身没有特定意义,如同文字中字母和笔画的线条,是为符号准备了物质的形式。而上层结构则是基础物质元素建构的符号,具有符号形式和符号语义两种基本属性,符号形式是符号语义的载体,符号语义借助符号形式得以表达和显现。两者之间是相互依存、影响的关系,共同建构了完整的"符号"系统,如图 3-1 所示。

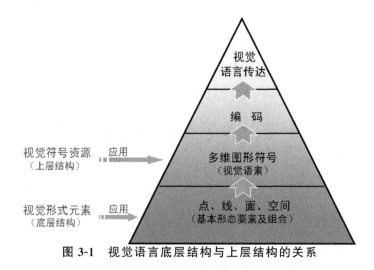

图 3-1 视觉语言底层结构与上层结构的关系

视觉语言传达信息只有依附于一定的物质载体才能显现出来,而载体本身并不是信息。人类认识主体首先接触的是载体,然后才逐渐感知载体中所承载的信息内涵。根据载体本身的特征,我们可以把视觉语言的信息载体分为两大部分:一部分是由人类认识主体的感官表达的表意型载体,如语言、文字、符号、形体、表情等;另一部分是人的感官无法直接感知,而且还需借助于一定物理设备而存贮的承载型物质载体,这一部分载体又可分为两大类:即有形承载型物质载体,如甲骨、简牍、纸张、磁带、光盘等;无形的承载型物质载体,如电磁波、网络等。

视觉符号语言因其形式和内涵的丰富性、复杂性,需要我们从不同层面来梳理、认识,这样才能准确把握和研究视觉语言符号中丰富的信息内涵。

二、语义传达的语汇基础

从视觉符号语素单位组成来看,我们可以把其分为两大层次:作为视觉语言组成的最小语素单位,也就是可以分解的最小视觉语意符号,它不仅包含具体形态可分解、有意义的子符号形态语素,视觉符号所具有的色彩、空间位置、材料等相关形态属性,也是构成基本视觉符号的单位。这些元素因为人类文化的长期积累和感觉经验的介入,已经具有相对独立的语言意象和内涵,可以影响甚至主导传播信息的整体表达,对意义形成与传播效果起着重要作用。例如曲线体现优美,直线更显刚直,圆形寓意圆满、完整,而不同粗细、巧拙的线条又表现出性格、气质完全不同的样貌。从汽车车灯的设计就能够看出不同品牌的气质和定位,"BENZ"公司的车灯设计总是以优雅、经典的曲线造型来体现其尊贵(图 3-2);"切诺基"秉承 JEEP 的刚烈个性、动力强劲,车灯线条坚挺有力、雄浑阳刚(图 3-3);"POLO"是大众公司的畅销车型,又大又圆的前灯设计显得精致而可爱,这也许是其畅销全球的原因之一(图 3-4)。

图 3-2　BENZ 车灯设计

图 3-3　切诺基车灯设计

图 3-4　POLO 车灯设计

再比如,红色在不同的视觉环境里会形成警示的、热烈的、暴力的等等不同语意变化,这种变化成为设计作品重要的表情和信息导向。手机、笔记本电脑、电视等电子产品的电源开关经常被设计成红色或是被印上红色的符号(如图 3-5、图 3-6),以提醒用户其特殊性,减少误操作的发生;而相同形态放置在画面中不同位置,也会因画面力场分布的差异,呈现坠落的、不安的或上升的、飞扬的不同感觉状态。这些因"形式"差别而造成的微妙语意变化和感受波动,过去被笼统地概括为形式的情态,其实这恰是图形符号一种独特的语言,它们和具体的形象、指示、象征符号一起构成图形语言系统丰富的语汇基础。

图 3-5 红色开关设计

图 3-6 手机开关设计

三、组合形式特征及其关系

首先,现实世界的物象或视觉组合形象一旦具有相对独立且完整的语意信息以及指代、象征意义,也就具备了符号的特征,这是更高一级的视觉符号形式,具有视觉图形符号语素组合的特点(从习惯的角度来说,这种形式在许多应用环境经常被直接解释为"图形",如标志、指示形、卡通形象等等)。例如龙的形象尽管是不同动物典型特征的组合,但因为人类的心理感知特点,实际已经在视觉上整合成新的视觉符号形式。对于生活中的具体形象以及运用同构技巧创意的超现实形象而言,虽然自身可能有多种视觉符号语素和属性,但因为完形的作用,人们更倾向于把它看作一个更高一级的整体而忽略其局部的组成因素。也就是说,当低一层次视觉符号组合形成高层次视觉符号后,原有的元素成为新层次的整体关系后就被弱化了,人们看到的是整体的新的形象和含义。房屋不因为有门、窗而为"房屋",动物局部形态组合的龙也不再是零碎的局部,而是作为"龙"的整体成为中国人的民族图腾,成为一种超人力量和权威的象征。如图 3-7 所示的 Billy Brother 书架设计采用了流动形式,一改原本方方正正的形式,将不同的视觉结构和元素结合起来,呈现出欢快愉悦的使用体验。

图 3-7　Billy Brother 书架

其次,从视觉语义符号组成关系上我们可以区分两个层次:

(1)独立视觉符号语义,即具体的单一的符号形式所传递的语义内涵。正如前文所述皮尔士曾依据符号与对象的关系把符号分为图像符号、标志(指示)符号和象征符号,这是独立符号语义较有影响的划分方式,较好地描述了视觉符号表意特点,将人类视觉符号从象形、指示到象征语言表达的层次进行了有效论证和揭示。但是由于这类划分方式更多关注的是抽离了的、独立的符号信息和语意关系,并不能整体地、全面地解释组合符号中的语意关系,难以把握人类视觉文化迅速发展后组合式符号形态关系和环境语意特点,不能深入到更丰富的视觉符号编码研究的层面,因此有明显的局限性。目前国内外许多符号学研究和分析都是以独立语义符号为主要视角进行的。

(2)组合视觉符号语义,也就是我们说的组合符号形式的语义。不同视觉符号因其外在形式和内在意义的关联,经过有机组合、编码会形成新的视觉符号,并在产生新的语意同时形成一定的语法修辞关系,例如比喻、拟人、夸张、借代、悖论、互衬等等,这是现代视觉语言表现的重要发展,超越了单一符号表意的局限,具有比过去单一符号更丰富的意义延伸和内蕴,使符号语言有了根本的飞跃。比如,我们选择和平鸽与靶心同构,可以暗喻战争的残酷和对生命的威胁,让弯曲的枪管与烟头同构,就隐喻成戒烟的主题;富田繁雄著名的反战招贴倒转方向的弹头处理是典型的悖论表现手法(图 3-8);而借助安格尔名画《泉》中少女肩头香水瓶流淌出的香水广告实际上就是概念的置换和借代。

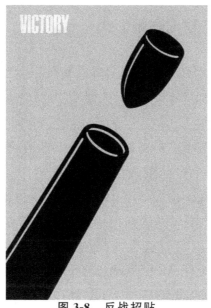

图 3-8　反战招贴

在现代观念和自由艺术中,动态的组合的语言形式也渐渐成为艺术表现的重要内容,都是因为组合式视觉语言所具有的惊人的表达力。由于视觉符号语素形成视觉符号和视觉符号组合,造就新的视觉形象和意象,使视觉语言的表述在更高一级上获得无限的组合变化,这就如同汉字,很少的符号单位可以形成无数的词组和句子,所表现的空间,表达的情感与思想因此更加丰富和自由。

图形符号是图形中的具体语素单位。尽管它有自身独立的意义,在某些特定环境也可能独立的作为"图形"使用,但它总体上依然还是隶属于视觉语言表述整体,需要和图形环境中的其他符号有机结合,才能建构完整的语言表述内容。

第二节　形态符号语义的信息内涵

一、形态的符号化思维形式

德国当代著名哲学家恩斯特·卡西尔提出人为"符号的动物"的著名观点,揭示了符号化思维和符号化行为是人类生活中最富于代表性的特征。语言、神话、宗教、科学、艺术、技术都是人造的符号宇宙。因此,人实际上不是生活在单纯的物理宇宙之中,而是生活在一个自己创造的符号宇宙之中。

从语义学的概念出发,引用语言学的概念说明图形语言其与文字语言有共同之处,那就是两者都具有"传情达意"的作用,是传递信息的媒介,担负着将人的头脑中抽象的思维尽量准确的传递到他人头脑中的任务,但两者又存在着明显的差别:汉文字语言,经过了几千年的演变,经过无数次的修改进化,才由最原始的象形文字过渡到今天的汉字,它有相对固定的字、词、构词法和语法,善于表达抽象复杂的事物和逻辑关系,可依赖视觉和听觉来传播；产品语义学研究的是视觉形态语言，没有固定的字、词、构词法和语法，如果单个的图形或形态代表的符号作为产品语意的字和词的话，符号又因不同地域不同人群得出不同的意义，这就给设计提出了问题。图形语义在产品设计中有意识的应用毕竟还是非常短的时间，与文字语言根本无法相比，仅仅处在其发展的初级阶段。但随着科学技术的进步和全球一体化的加速，对于人—机沟通的要求会越来越高，产品语义学也必然会得到进一步发展。

文字语言作为一种特殊的、比较完善的符号系统，我们从中可以得到一些有用的启示，并应用到产品语义的研究与应用当中。文字语言的组成可分为名词性和修饰限定性两大部分，可以将产品符号系统以同样的方式进行分类，即将产品记号系统中的符号按不同的表达功能分成不同的性质，相当于文字语言中不同的词性，词性不同在系统中起到作用也就不同，对其在表达上的形式要求也不同。

我们就典型产品进行分析，以手机为例，产品的符号系统依其所担负的功能可分为三个类型：

（1）各类功能键、外设连接孔及其相对应的说明文字和符号。

（2）构成外观的整体视觉与触觉感受的形态及色彩。

（3）支持手机功能的软件界面。

针对不同的要求应该采取不同的方法和标准来处理这三类符号以达到最佳的组合状态。第一种类型的符号的作用主要"达意"，就是让使用者知道如何操作，对于这类符号不仅是单个符号的意义，还要进一步传达出它们之间的组合关系。设计的重点是在满足基本的信息传达和物理操作的基础上只进行一些简单的变化，以配合整体造型使之协调即可；第二类符号构成了产品外在视觉与触觉的形态及线形特征，在满足人—机物理层面的基本要求的基础上，必须能承载起传达产品的个性特征和产品精神内涵的功能，也是最能发挥形态语言感性魅力的领域，其主要功能是"传情"；第三类符号完全是人与机器的对话功能，对于个性之需求并非十分必要,我们应该尽可能地使之接近标准化,操作规范化,正如前文提到的,我们应该反思是否在所有的方面都需要个性化,或者应该找到一种更好的体现个性的方式,比如:就像计算机操作系统那样,在一个公共的操作系统基础上,选择个人的配置方案。

二、形态的符号化行为语言

产品语义学提出了新的设计思想。它有两个目的:第一个目的是使产品和机器适应人的视觉理解和操作过程。在口语交流中,人们通过词语的含义来理解对方;在视觉交流中,人们是通过表情和眼神的视觉语义象征来理解对方;人们在操作使用机器产品时,是通过产品部件的形状、颜色、质感来理解机器,例如视觉经验认为圆的东西可以转动,红色在工厂里往往表示危险。你怎么会认出房子的门?通过它的形状、位置和结构。如果你指着一面墙说:"这就是门",没有人会相信,因为人们早已经把门的形状、结构、位置以及它的含义同人们的行动目的和行动方法结合起来,而这样形成的整体叫行动象征。同样地,水壶、刀具等等都具有行动象征(如图 3-9、图 3-10 所示为著名的意大利 ALESSI 公司生产的水壶和刀具)。设计者应当把这些东西的象征含义用在机器、工具等产品设计中,使用户一看就明白它的功能以及操作方式,不需要花费大量精力重新学习陌生的操作方法。将产品符号学的思想用于电子产品设计,从人的视觉交流的象征含义出发,使每一种产品、每一个手柄、旋钮、把手都会"说话",通过结构、形状、颜色、材料、位置来象征自己的含义,"讲述"自己的操作目的和准确操作方法。换句话说,通过设计使产品的目的和操作方法不言自明,不需要附加说明书解释它的功能和操作方法。怎么才能在人机界面设计中实现这一目标呢?产品语义学认为:这些几何形状的象征含义是人们从小在大量的生活经验中学习积累起来的,这是每个人的几何形状知识财富,设计师应当采用人们已经熟悉的形状、颜色、材料、位置的组合来表示操作,并使它的操作过程符合人的行动特点。如图 3-11 所示的 AudioTorch 是一个无线音乐播放机设计,也可以当一个悬挂在家里的墙上的音响;而且它能在墙上投影操作菜单,这样人们便可通过无线控制 CD 的播放。通过视觉化的操作界面,用户能轻松地使用这件产品。

图 3-9　ALESSI 生产的水壶

图 3-10　ALESSI 生产的刀具

图 3-11　AudioTorch 无线音乐播放机

三、形态的特定语义模型

产品语义学的第二个目的是针对微电子产品出现的新特点而做出的回应。传统的功能主义是以象征技术美的几何形体为基础的,主流设计思想是"外形符合功能",并在三维几何空间里设计几何形状。产品造型就意味着几何形状设计,并已形成一个封闭的几何形式法则,成为机械理论和技术的一个组成部分。而电子产品的行为方式不同于机械产品,一个个都像"黑匣子",人们看不见它的内部工作过程,如果按照对机械产品的理解进行设计或使用电子产品,就会感到无奈。

设计任何产品,首先要明确用户,建立用户模型。同样地,产品符号语义的设计也要考虑其特定的使用人群,首先要建立用户语义模型,它主要包含用户对电子产品的使用经验、知识、常用词语以及对这些词语含义的理解(如图 3-12 所示产品形态语义用户模型)。在日常生活经验中,用户发展形成了产品的操作逻辑思想,如将机床通电,它的马达就会运转,通过声音可以判断它是否在运转。但是电视机没有马达,接通电源后也没有马达的声音,怎么接通电视机的电源,它有什么反应,怎么选择电视频道,怎么改变颜色、声音、亮度,通过哪些操作可以达到预期目的。这些词语和动作内容构成了用户语义模型。这种用户语义模型是设计师的主要依据,使产品的人机界面提供这些操作条件,并准确表达它的含义。

设计中应当提供五种语义表达,这些都要从用户角度进行认识。

第一,产品语义表达应当符合人的感官对形状含义的经验。人们看到一个东西时,往往从它的形状来考虑其功能或动作含义。看到"平板"时,会想到可以"放"东西,可以"坐",可以用它做垫板来"写"字。"圆"是什么动作含义?可以旋转或转动(如图 3-13 所示音响旋钮)。"窄缝"是什么含义?可以把薄片放进去。

怎样用形状表示"速度"？怎样用形状表示"硬"和"软"，会使用户产生什么感觉？"粗糙""光滑"对人的动作具有什么影响？这些都需要设计者合理进行语义表达。

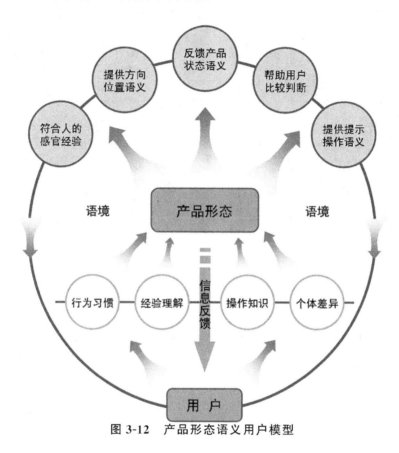

图 3-12　产品形态语义用户模型

　　第二，产品语义表达应当提供方向含义，物体之间的相互位置，上下前后层面的布局的含义。任何产品都具有正面、反面、侧面，正面朝向用户，需要用户操作的键钮应当安排在正面，但是有些电器的电源开关往往安置在背面，给用户带来不必要的麻烦。设计必须从用户角度考虑仪表的"正面"表示什么含义？"反面"表示什么含义？怎样表示"向前运动""后退"（如图 3-14 所示汽车操纵杆）？怎么表示"转动""左旋""右旋"？怎样表示各部件之间的上下相互位置关系？怎么表示"立放""横放"？

图 3-13 音响旋钮

图 3-14 汽车操纵杆

第三，产品语义表达应当提供状态的含义。电子产品具有许多状态，这些内部状态往往不能被用户发觉，设计必须提供各种反馈显示，使内部的各种状态能够被用户感知。例如，怎样表示"静止"？怎样表示"断电"？怎样表示"开始运行"？怎样表示"电池耗尽"（如图 3-15 所示 iPhone 界面设计）？怎样表示"结束"？怎样表示"关闭"？怎样表示"锁定"？

第四，电子产品往往具有"比较判断"功能，产品语义表达必须使用户能够理解其含义。例如，怎样表示"进行比较"？怎样表示体积"大""小"？怎样表示时间"长""短"？怎样表示"轻柔""强劲""高速""缓慢""高温""中温""低温"或者是操作者的特殊功能选择？

第五，产品语义必须给用户提示操作。要保证用户正确操作，必须从设计上提供两方面信息：操作装置和操作顺序。许多设计只把各种操作装置安排在洗衣机面板上，用户看不出应当按照什么顺序进行操作，这种面板设计并不能满足用户需要，往往使用户不敢操作，他们经常考虑一个问题："如果我操作顺序错了,会不会把洗衣机搞坏?"许多用户在操作计算机、电视机、电熨斗、录像机、VCD、DVD,以及许多仪表时,都会产生类似疑问,因此设计必须提供各种操作过程的信息(如图 3-16 所示 iPod 面板设计)。

图 3-15　iPhone 界面设计

图 3-16　iPod 面板设计

第三节　形态设计语义的情感诉求

一、形态语义的传达原则

产品语义学强调设计师应当在产品设计中着重解决下列三方面问题。

第一,产品应当不言自明。通过产品的形状颜色,应当传达它的功能用途,使用户能够通过外形立即认出来这个产品是什么东西,用它可以干什么,它具有什么具体功能,有什么要注意的,怎么放置等等。

第二,产品语义应当适应用户。使用该产品应当先进行什么准备,怎么接通电源,怎么判断它是否进入正常工作状态,怎么识别它的操纵顺序,怎么保证每一步操作能够正确进行,怎么判断操作是否到位,怎么识别操作是否已经被执行完毕,这些与用户操作过程有关的内容,设计师都应当采用视觉直接能够理解的产品语义方式,适应用户语言思维里的操作过程,必须提供操作反馈显示。例如,车把向右转动,车就应当向右转;按数字电话机号码时,应当提供声音反馈或指示灯反馈,使用户知道他是否正确输入了数字。

第三,产品语义设计应当使用户能够自教自学,使用户能够自然掌握操作方法。当你第一次在西餐馆用餐时,你如何学会使用刀叉呢?你可能看看旁人怎么使用,自己尝试一下就会了,你并不觉得多难,这表明刀叉的设计给用户提供了简单自学使用的方法。同样,判断一个产品的设计是否成功,最简单的方法是看用户能否不用别人教,自己通过观察、尝试后就能够正确掌握它的操作过程并学会使用。好的设计允许用户自己进行任意操作尝试而不会引起产品的任何操作锁死,不会损坏产品,不会造成产品的误操作,不会对用户造成伤害。判断设计好坏的另一个方法,是看它的操作说明书。为什么要提供操作说明书?因为从机器上无法直接学会操作。说明书越厚,表明该机器的人机界面设计得越不直观,用户无法依靠直接尝试学会操作方法;说明书越薄,表明该机器的操作方法可以直接从人机界面上领会;不需要使用说明书,是良好设计的一个标志。如果需要认真阅读三本说明书后,才会使用筷子,那么筷子早就被淘汰了。产品的使用说明书复杂,表明产品人机界面的设计不适合用户的学习。

近代建筑师在创作和实践中总结了一套符号创新的手法。

第一是"重复和多余",就是用重复的信息反复作用于人的感官,从而把信息尽可能地传递给使用者;第二是"变形和分裂",是指将人们习以为常的符号变形、分裂,重新组织成新的语言,既继承传统又有创新;第三是"深奥和诠释",建筑符号学家认为艺术要有特色就要难懂,要费劲才能为人所理解,要新奇,不易理解但又能被理解;第四是"多价和多元",即艺术要创造而不能一味地模仿。这些手法也可以借用到工业设计上,获得澳大利亚 2000 年工业设计大奖的奥运火炬的设计,就糅合了悉尼海滨城市的特征和悉尼歌剧院的形态,简洁、时尚,功能与形式完美统一。

二、产品的情感语义特征

形态设计语义的情感诉求、审美意趣、视觉描述三者互相融合、密不可分。产品与"人"之间存在一种信息交流的关系,设计师在有了设计构想之后,首先要研究社会的经济、文化动向,了解产品的性能特性,对目标对象进行各方面(文化层次、知识结构、经济状况等)的分析,然后运用自己的创造力,将构思转化为经过实践被大众所共识的视觉符号,从而准确诱导使用者的行为,达到设计的目的。所以传达物化于其中的人的思想情感、精神追求、审美观念、文化传统等,就是将造型语言形式化、人性化,形与意交融于一体,抒发人的情感,展现实用功能和审美意念的和谐统一,满足人们的物质生活和精神生活更高层次的需求。

美国人亨利·佩卓斯基在《器具的进化》一书中提到:东方人使用筷子(如图 3-17 所示)有 5000 年的历史。筷子相当于手指的延伸,筷子是值得华人骄傲的发明也是中国最具代表性的象征物之一,它具有符号的指示功能,充分体现人类的智慧。筷子在实现它"夹"的基本动作的同时也体现了一种绝对的功能美。而"夹"这个动作不断刺激我们的大脑皮层,使我们思维变得更敏捷,头脑变得更灵活。"物"(筷子)与"人"(使用者)之间发生着密切的关系,包含了物质性工具的使用关系、物质性与人的生活关系、物质性与人的活动关系、物质性与人的情感关系。中国人赋予了"筷子"灵性,同时筷子也架起了"食物"与"人"之间沟通的桥梁。为什么我们擅长使用筷子而不习惯使用西方的刀叉,这里包含了我们所处的环境和文化所决定的情感内涵。

图 3-17　东方人的筷子

诺贝尔奖得主李政道先生就曾说过:"科学和技术的关系是同智慧和情感的二元性密切相连的。对艺术的美学鉴赏和对科学观念的理解都需要智慧,随后的感受升华与情感又是分不开的。没有情感的因素和促进,我们的智慧能够开创新的道路吗?所以,科学和艺术是不可分的,两者都在寻求真理的普遍性。普遍性一定根植于自然,而对自然的探索则是人类创造性的最崇高的表现。事实上就像一个硬币的两面,科学和艺术源于人类活动高尚的部分,都追求着深刻性、普遍性、永久性并富有意义。"因此,科学和艺术的密切相关性决定了设计符号对情感传达的追求。

如果说数字化为当今人类社会生活的发展带来了崭新的生存意义,情感则是对这种生存意义的物化诠释。情感诉求在设计语意的研究和运用中越来越受到重视。设计师更多地采用比喻、拟人、仿生等形式和丰富协调的色彩来表达产品,用情感来打动消费者。如图 3-18 为名为"昆虫"的概念车设计。这款车可根据路面的需要,来调节不同的高度,就像昆虫一样,在不同的环境,呈现出不同的动作以及表情。人性化的设计,是此款概念车的亮点;色彩上,利用活力四射的环保色,使得汽车更加具有美感。一般而言,"情感化"产品的视觉化语言比较抽象,是通过人们对色彩、材质、形态等因素的感觉经验,联想起某种形象,或触发内心的情感。也就是亚历山大·曼帝尼所说的"能引起诗意反应的物品"。当你从紧张忙碌的工作中抽离出来,可以借助于这些充满情感的产品"交流",发出会心一笑,以摆脱一天的疲惫和压抑,重获心灵的平和与安宁。

图 3-18　"昆虫"概念车设计

美国著名的青蛙设计公司就率先提出了"形式追随情感"(Form Follows Emotion)的形态观。以高品质的家用物品享誉世界的意大利 ALESSI 公司几乎成了意大利乃至整个世界后现代主义设计的杰出代表。ALESSI 非常注重产品设计中的情感表达,公司设计生产的大多数产品十分诙谐幽默,其中最有名的当数由菲利浦·斯塔克(Philippe Starck)1990 年设计并且轰动一时的"Juicy Salif"柠檬榨汁器(图 3-19)。产品整洁尖细的身体,修长的臂膀象征一种异国昆虫或外星人的太空飞船;而产品整体的形态又清楚地反映了传统柠檬榨汁器上的典型式样。这两种截然不同的形态被糅合在一块,完全是出乎人的意料。因此,当你第一次看到它的时候不可避免的会产生一个微笑,给生活带来一丝轻松与幽默。正如菲利普·斯塔克自己所说:"对我而言,它主要是件小型雕塑,而不是什么有着实质的家庭日用品。它存在的真正目的不是去榨千百万个柠檬,而是想让一个新上门的女婿能与岳母有饭后的谈资"。

图 3-19 "Juicy Salif"柠檬榨汁器

随着科技的飞速发展和经济水平的不断提高,当代社会的人际交往方式已经开始向情感诉求的方向发展。生活质量的不断提升,人们的这种情感诉求亦与日俱增。"如在以往的人的情感交流中,礼物除了充当情感载体外,还有经济及实用价值意义存在",而在现今社会条件下,诸如鲜花类的礼物纯粹只是一种人们表达情感的方式,至于其经济价值和实用价值对交往主体而言并不重要,情感交往在这里采取了比较纯粹的形式,礼物成了真正的情感载体。在宣扬人本主义的大背景下,人们对产品的内涵的要求发生了根本性的转变,过去人们只关注产品的功能是否满足需求,而如今则越来越关注产品的情感表达。因此,设计师在设计产品时应彻底抛弃那些无谓的装饰和哗众取宠的形式。我们的产品真正需要的是人性化和情感化的诉求,"以人为本"的产品必将渗入更多的情感诉求、民族风格和人文特色,蕴含人类文化传统的理念和价值观。

在信息时代里,人与机器之间的关系从人机界面的角度正在发生着根本的改变,人和机器(产品、环境)之间的信息交流不仅仅由理性的角度而且更重要是由感性的角度出发来进行。人对于产品的信息的接受不仅要清楚明了,而且还要有趣,有个性。注重界面的情感特征,逐渐被设计师所重视,产品的界面起着传递产品和人之间信息桥梁的作用。要取得人的情感共鸣,那么这种界面就应该具有丰富的感性内涵。

三、传统语境下的产品情感

传统民间产品是民族造物工艺文化从单一走向多元化,从朦胧意识的纷乱状态走向视觉语言定位传达的历史性突破和划时代的变革,并从一个侧面演绎出工艺文化的历史发展脉络与丰富的情感诉求语境。

例如民族服饰展示的不仅仅是形体语言,而且通过这些形体语言延伸了审美心理空间和审美心理感应,传达出形体所隐藏的情感诉求,将有限的形体物理空间转换成了无限的心理想象空间。换言之,外在表象因素的表情也起着重要作用,正确地把握其形体的性格特征,有利于更准确、更恰当地传达视觉信息,从而减少与观众沟通的障碍,更好地进行情感交流。

我国广大农村的许多地方至今仍可见到小孩穿的"虎头鞋"(如图 3-20 所示),其造型笨拙、憨厚、质朴,弥漫着浓郁的乡土气息和传统的装饰风格,它以情感为纽带,以事物固有性格特征为核心,通过特定的极度夸张的外形特征,表达真、善、美,舍弃老虎的威猛凶暴,取而代之以猫的温柔可爱,不是"沉重、恐怖、神秘和紧张,而是生机、活泼、纯朴、天真,充分表达了生机勃勃,健康成长的童年气派"。在这里,老虎的形象被当作寄托情感的言情物,假借老虎的某些品格,倾吐内心的情感,希望自己的孩子虎头虎脑、无病无灾、健康快乐,表达了母亲对孩子的美好祝福。不仅如此,细心的母亲还会在"虎头鞋"尾部加上个上翘的虎尾巴,方便孩子提鞋,这个小细节设计充分将实用功能与装饰功能有机完美地融为一体。

图 3-20　小孩穿的"虎头鞋"

　　图案是民族服饰的重要组成部分,在民族服饰乃至整个民间美术体系中都起着传情达意的作用。它不再是简单地模拟对象的外形,而是同民族服饰整体造型艺术一样,采用舍形取意的方式,视对象为传达审美情感和文化的视觉信息符号,传达一定的社会文化信息以及人的审美情感。

　　色彩是民族服饰视觉情感语义传达的另一个重要元素。民族服饰色彩语义的传达依附于展示媒体,通过视觉被人们认知,不同的色彩其色彩性格不同,作用于人的视觉产生的心理反应和视觉效果也不尽相同,因而具有了冷热、轻重、强弱、刚柔等色彩情调,既可表达安全感、飘逸感、扩张感、沉稳感、兴奋感或沉痛感等情感效应,也可表达纯洁、神圣、热情、吉祥、喜气、神秘、高贵、优美等抽象性的寓意。民族服饰色彩多运用鲜艳亮丽的饱和色,以色块的并置使色彩具有强烈的视觉冲击力和视觉美感,明亮、鲜艳、热烈、奔放,显示出鲜明的色彩对比效果。民族服饰的图案色彩经营完全脱离了事物原始图像的固有特征,自然界中的红花绿叶,在民族服饰图案中已失去了它的本来面目,转变成为纯粹的色彩情感信息符号,一切为表现审美情感服务,"画画儿无正经,好看就中",民间艺人们正是依据这一原则随心所欲地驾驭色彩,以满足人们的情感欲望。

第四节　形态设计语义的审美意趣

一、审美意趣的基本构成原理

"少即是多"是现代设计中经典的设计理念。虽然这一设计理念的提出源自国外,然而只要懂中国书法及中国绘画,对传统中国审美情趣稍有一点知晓,那么你就会明白中国自唐代以后就非常崇尚"少即是多"的审美原则,无论是在文字使用还是绘画中都讲究"言简意赅"。中国的"写意画"就是以最少的笔墨来传达最丰富的情感。这是一条非常传统、经典的中国审美原则。阿尔伯特·阿莱西提出优秀的设计要有"MOVING(感觉上的漂移)",阿莱西的"MOVING"与中国的"通感"有异曲同工之妙!中国人相信一个本土的哲学观念:"以不变应万变"。不过现在的问题是,这些可以"不变"的"法宝"到底是什么?外国人都帮我们看到了"中国的历史"。体现"中国的历史",当然不应只是对大量符号与元素进行浅显的、机械的照搬,更多的应是对民族精神与审美意趣的记忆、掌握及总结,并在此基础上进行延续与拓展,以适合新的时代和新的用途。

构成审美意趣的最主要的基石就是感知、理解、情感、想象等活动(图 3-21)。这些活动均会得到一种独特的体验,它们经过复杂的相互作用、相互补充和印证最终构成一种奇妙的审美体验。审美中的感知因素是导向审美意趣的出发点,理解为它指明了方向,情感是它的动力,想象为它添加了翅膀,当这四种因素以一定的比例结合起来,并达到自由和谐的状态时,愉快的审美意趣经验就产生了。

审美意趣表现为一种愉快的审美感情,这种意趣是一种积极的和使人乐于接受的经验。我们在评价一则产品广告时,往往以

"美"为其衡量的标准,因为美是一种形象,美的形象可爱且具有感染力。美以鲜明生动的形象(色彩、线条、形体、声音等形式因素构成)诉诸人的感官,影响人的思想感情,给人以审美感受。自然景物主要是以它的感性特征直接引起人们的美感。自然景物中色彩、形状、质感等属性都具有审美意义。自然景物的美,即自然美,可以陶冶人的性情,激发起人们对美的向往。

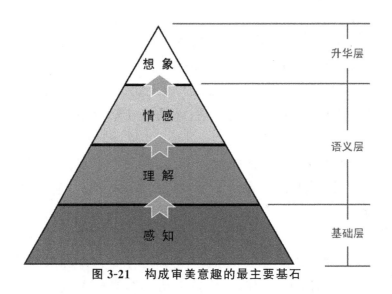

图 3-21　构成审美意趣的最主要基石

服饰的审美意趣在上面的情感诉求中有所提及,所以不再赘述。我们知道产品改变了自然原有的感性形式,体现了人类的创造性、智慧和力量,也因此具有了符合人性需要的价值。人类往往根据自己对美的理解来制造产品,产品在满足实用、提供物质享受和精神愉悦的同时,也给人以审美上的满足。

二、多元语义的功能性审美特征

现代主义的审美价值观是建立在实用功能基础上的,而这种实用功能是剔除了人类生活诸多内容的简单化的功能。结构主义者却把审美价值建立在人造物的深层结构基础上。就建筑而言,他们视建筑为一完整符号系统,认为建筑的价值与意义不仅是一个容纳与支持行为活动的物质空间,而且包含了一连串如家族、神圣、温暖、安全等文化象征的意义,认为建筑作为一种文化符号系统,容纳了人类文化的一切现象,如礼节、社会习俗、仪式等。人的行为本身就是一系列符号操作过程,建筑不仅有使用功能,而且有象征意义的功能,功能与形式并非像现代派所说的因果关系。"形"作为一种符号,不仅是某种事物的代表,它还可通过本身意义诱发行为功能,"形"与"功能"是相互依存、互为因果的关系。此审美观也正是产品语义学理论的核心。

现代主义强调美来自主观,来自功能与技术的有机结合,但结构主义强调系统自身,他们认为美不是来自主观,而是来自客观,竭力证明美在于主客体之间和谐的关系中。结构主义设计哲学的兴起,打破了功能主义一统天下的格局;另一方面它用"科学""理性"的方法开拓了被现代主义者忽略与遗弃了的非理性领域,从而使工业产品包含更多的人文、情感因素。正如美国阿莫斯所言"结构主义使理性主义与貌似科学的浪漫主义相结合","结构主义的努力即是建立使大部分被作为空想的东西获得意义的系统",它的"巨大贡献……是为理智再次呼吁收回那片我们几乎弃若荒诞的领地"。

著名工业设计师伊姆斯(Charles Eames,1907—1978)1945年设计的 LCW 休闲椅,蕴涵其中的审美情感令人叹服(图3-22)。由于多种设计语义的综合应用,伊姆斯潜心研究椅子并不断在细节上进行推敲,他认为"细节不是细节,它仍产生产品和相互联系"。美丽木纹薄片的多层夹板在材料上广泛使用,具有一种天然的材质肌理美,在靠背和坐面的造型设计上与人体工程学紧密结合使之产生一种生理上的满足和舒适感,有机的造型传达出优美高雅的审美价值,围绕整体的造型引起视觉上的愉悦感受,圆润的外型轮廓线与厚实的坐面和靠背剖面形成鲜明对比,逐渐变细的尖腿被赋予了 LCW 休闲椅拟人化的视觉语言,LCW 椅的感觉不仅仅是实际生活的实用品,而是一件独立意义的艺术品。1949年底,伊姆斯设计了 Lounge Chair and Ottoman(如图3-23

所示),躺椅由三部分弯曲的复合板制成,包以压扭式软垫,复合板的端部直接暴露在外。两节椅背由铸铝杆连接,椅座支撑在带有五个抛光椅脚的旋转摇动基座上。这件作品的创新之处在于模压的胶合板底座加上皮革垫的组合方式,看起来既十分利落也十分华丽,材质语义和形态语义在这件产品上体现得淋漓尽致。

图 3-22   伊姆斯设计的 LCW 休闲椅

图 3-23   伊姆斯设计的安乐椅和脚凳

第五节   形态设计语义的视觉描述

包豪斯著名的工业设计师拜耶曾经说过:“视觉设计的作用

是使人类和世界变得更加容易为人理解"。产品所给予的信息与其本身的功能及使用者的愿望应是一致的。但是在很多情况下，设计师的意图不能被使用者正确理解，导致了错误的识别和操作，这种"误导"显然是造型设计的失败。因此产品造型语义应当具有一定的逻辑性和科学性，能够传达足够的信息，准确地表达内容和形式之间的有机联系，这也是由产品的功能和价值所决定的。

一、形态视觉描述的三要素

　　椅子的设计本身就是产品造型视觉语言的传达，从这种意义上说，设计椅子就是意味着设计传达一种产品语义。设计师通过独特的造型语言来传达自己的设计意图，使观众和消费者能够理解和接受，这种设计传达被理查德·布契南认定为如同一种设计语义学（Theory of design rhetoric）。如同文学上或政治上的修辞学，设计语义学是关于艺术设计造型语言观念的传达，发挥设计语言和符号的作用，并使这种语言能为受众所理解和接受，它体现设计要素之间的逻辑关系并成为沟通设计师与消费者或潜在消费者之间的一个桥梁。为什么布契南要强调设计语义学的理论？这是因为椅子的设计不仅是一个简单的物体制造，设计师与制造商其实是在为消费者制造一种新的坐具和一种新的生活方式。

　　根据设计语意学的理论，一个设计师的设计依据包含了三个相互关联的要素，用以阐释产品造型及意义的传达（如图3-24）：

　　第一个要素是技术的要素，一个好的设计要建立在两个主要的基础上：首先是构成一个合乎自然与科学的潜在实用体，然后是考虑未来使用者的价值观念和生理条件。技术的要素不仅仅是设计一个造型独特的物品，还要与人的需求相吻合。技术的要素是支持和加强一件产品的设计基础。因此，一个成功的设计总是直接地传达和说服未来的使用者，并符合他们的使用功能和价值观念。

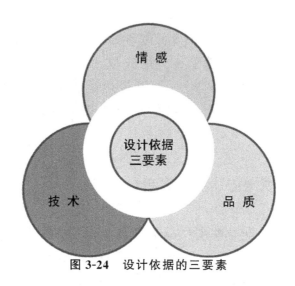

图 3-24　设计依据的三要素

第二个要素是品质特征,对任何一个设计而言这都是非常重要的要素,因为品质特征能反映出设计师在表现创作对象、设计手法上的选择,所以品质特征非常具有说服力和信赖感。根据布契南先生的观点,他能为一个物提供可信赖的外观,并通过良好的技术提升表现出智力、美德、信赖的价值。不过品质特征要通过良好的技术要素来支撑和提高,同时品质特征又能弥补技术上的不足,它们是相互关联和互为补充的关系。

第三个要素是情感表达,对于椅子来说这是一个特别重要的设计语义因素,因为精神上的因素能影响人与椅子方面的生理接触,从人们观察一个椅子之前直到使用之后,往往会唤起使用者的一定的情感体验,创造出产品特有的情调和氛围,从安全舒适的坐姿到线条、色彩和造型都是情感表达的要素,所以情感要素具有强烈的说服力,它能拉近人与物之间的距离,并且产生一种亲和力,吸引消费者做出购买决定,唤起审美需求。

在强调个体性设计风格的今天,视觉描述能使产品造型提升品牌联想度。

二、跨越文化差异的视觉描述

工业设计中产品和包装造型的作用是巨大的,比如绝对伏特加(ABSOLUT)瓶子造型的符号化。在 20 年的广告和市场营销的历程中,ABSOLUT 秉承如一,即酒瓶造型成为所有广告创作的基础和源泉,包括平面、网络、电影和其他形式的广告——"AB-SOLUT 酒瓶是永远的主角"。就这样,ABSOLUT 的核心价值——纯净、简单、完美被充满想象、智慧及精致的方式所替代。

ABSOLUT 营销哲学成功的原因在于绝对伏特加非常清晰的诉求,那便是与众不同、简单和创造力。它创造了一种全新的广告模式,缩短了广告和艺术的距离。所有广告的焦点集中在瓶形,同时配以沿用至今的经典广告台词,即以"ABSOLUT"开头,加上相应的一个单词或一个词组。第一个 ABSOLUT 广告是 1980 年的 ABSOLUT PERFECTION,即便今天也广为使用(如图 3-25 所示)。

图 3-25　绝对伏特加

诞生于 1898 年的可口可乐是当今世界上最著名的可乐品牌之一,同样瓶子造型显然已经成为品牌资产的一部分,不但使消费者产生品牌识别,同时还提升了品牌联想度,产生了巨大的营销效果。一个瓶子竟然变成了一个商标,独一无二的一种识别(如图 3-26 所示)。可口可乐公司的定位就是无论你身在地球哪个地方,只要想起可口可乐就可以唾手可得,这就是无处不在。每当可口可乐公司在新品推出或者更换包装时,更是吸引市场及众人的注意,不仅仅为产品本身吸引,还有他们产品的包装设计也是吸引众人眼光的亮点。产品的包装设计为可口可乐产品成功的营销环境提供了足够的保证。

图 3-26　可口可乐

可口可乐的瓶子造型也被称为"世界上最有名的瓶子"。万宝路香烟品牌的最初成功不仅是因为它以牛仔为品牌定位,还有因为他重新设计包装,改变包装形状,开发了一种外形粗犷的、带有翻盖的烟盒,从而品牌重新定位为男子汉气概的象征。苹果电脑外形设计的独特魅力,不仅引领着时代潮流并且牢牢赢得人们的心。

作为一种视觉符号,造型是全球化品牌识别的重要来源。造型与品牌名称不同,相对地说,它更容易跨越文化差异,引起某方面特定的品牌联想。如中国万里长城,从某种意义上讲,长城也是中国的某种品牌符号。造型有各种各样的种类,但我们在制定品牌策略时,必须要考虑以下四个方面:

（一）角形

角形是指那些包含一定角度的物体,而圆形则没有尖锐的角。这种类型会产生不同品牌联想。如圆形通常与和谐、温柔、女性联系在一起,而方形通常与强大、坚强、冲突以及男性联系起来。

（二）对称

对称能够产生平衡,它是我们评价一个物体视觉吸引力的主要因素,同时对称会带来秩序感、消除紧张。

（三）比例

有适当比例的图形能抓住更多的场景,产生支配性美感,所以比例也是另一种影响我们对造型认识的主要因素。

（四）尺寸

个性通常融于特定的形状之中,尺寸大的形状就认为强有力,尺寸小则会被认为纤细和虚弱。许多企业通过尺寸大小来表现其品牌力度、活力、效果。

此外,用颜色、字体进行品牌统一识别是视觉传达部分的重要组成。颜色是其品牌形象重点之一,公司制服、公司墙体、广告、包装无一不是通过颜色来吸引消费者对品牌注意;字体是我们在整合品牌传播中随处可见的视觉元素之一,包括宣传品、卡片、包装与终端展示等有形状颜色的各种符号。字体也有数不清的种类,也能表示无穷无尽的想象,也能表达各种设计风格。字体是一种独特的风格形式,它们能将具有代表性的感情附加到文字或字母上,当然他们自己也表达出一定的含义。字体本身具有一定形状,从而能产生某种认知:高而窄的字体显得非常优雅;大而圆的字体显得非常亲切;手写字体能表达出公司以人为本的价值观;大写字母能体现权威性和进取心;小写字母则会给人以勇敢、朴素的印象。

第四章　形态语义学在产品设计中的应用原理

本章主要从形态形式层面探讨产品概念性语义,从设计符号的角度探讨形态的符号化特征,从人造物的实质层面探讨产品功能性语义,从形态再现的角度探讨形态语义的内涵与外延,从形象层面探讨产品的意义,在相对系统的分析中找到可应用的法则和规律。

第一节　产品形态设计的概念性语义

一、形态语义学的应用交流模式

产品形态语义学主要涉及符号学、传播学、设计学、形态学、认知心理学、审美心理学等多个学科交叉领域的研究内容。产品形态设计语义学借用了语言学的概念,语言学的研究对象主要是针对语言这一言语交流系统进行的,除此之外,我们的生活中还存在其他形式的符号交流系统。在产品设计中,语义学的主要研究内容是产品形态在使用情境下所表达的象征意义。单个文字符号本身具有一定的字面意义,但将许多文字经过一定规则组合在一起,构成句子、段落和文章时,它们所传达的意义就不只停留在字面,而会有更深的意义和内涵。如果将产品形态看作是由一系列设计符号要素所构成的整体,将语义学运用到产品设计中,就是要求设计者对这一系列本身具有一定意义的形态设计元素进行合理的组织,使它们相互作用达到最佳组合,从而有效地传达产品功能及情感意义。这时,产品所包含的信息与设计要素本身承载的信息有一定联系,但又不等同于各个设计要素信息的简单相加。

人对信息的认知是一个复杂的生理、心理过程,它不仅有结构,而且还表现为活动和功能,表现为运动着的持续不断的发展过程,是客观实在的事物在设计者头脑中的反映。美国盖洛普公司瑟瑞·哈德(Serry Hadd)博士曾经在一篇谈中国市场调查的文章中指出:"当一个公司所掌握的有关其行业及其企业产品的市场信息量越大、信息质量越高时,其企业成功的可能性就越大。"这种竞争在产品中反映十分突出,一个国家经济实力是否强大从它的产品中完全可以看出来。产品形态正是各类信息的承载体,这些信息经过设计者精心组织、加工最终形成固有的产品形态,而当产品形态所承载的各类信息成功而有效地传达给用户,通过用户对产品形态中各类信息的认知加工,形态语义才真正起到了作用。

产品的信息交流模式也就是信息在产品交流系统中的运行和转化规律,它包括组成这个系统的各部分之间的信息交流。要将这些相互关系归纳成一种模式,可以在分析前面几种传统的信息交流模式利弊的基础上,根据产品交流系统本身的特点来确定。总的图表模式为图 4-1 所示。

用文字来解析这一模式应该是:

(1)用户在生活环境中产生某种信息需求。

(2)设计者在生活环境中意识到这种需求。

(3)设计者确定产品设计课题以解决这一需求。

(4)设计者作用于用户,从用户那里得来相关的产品需求信息。

(5)设计者从环境(市场)中得到相关产品的信息。

(6)设计者对收集到的信息进行加工整理,并正确编码到产品中,使之转化为产品信息。

(7)产品成型后作为环境中的一部分,与环境中的其他信息相互影响。

(8)环境中与之不协调的信息形成一定的"噪音信息",干扰着产品信息。

(9)用户在一定的环境中接触产品,在环境信息干扰下,得到产品的有效信息(解码)。

(10)用户对产品做出评价。

(11)用户接收产品信息后,行为对环境产生一定影响。

(12)设计者从受众对产品的评价中得到新的需求信息。

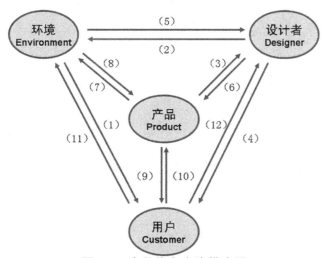

图 4-1　产品信息交流模式图

伴随着社会的发展与进步、物质的极大丰富以及消费层次进一步细化,人们对产品的需求也不断提高,无论是产品的物质功能,还是产品的情感体现,这些都给产品设计提出了新的要求,促使产品设计走向多元。另外,数字化时代产品机能呈现出微观化的新特征,促使产品突破了机械化时期机能起决定性主导作用的"Form Follows Function"的设计信条,人与产品之间需要更多方面的信息交流。

二、形态语义的概念性特征

(一)产品形态的表现性特征

形态普遍存在于我们的生活中,不管是再现的形态还是再创造的形态,都具有表现性。形态的表现性是指创作者观察或者觉察到某种客观存在的有意义的信息。此信息可以是情感的也可以是客观实在,通过创造某一形态,将这些有意义的信息有效地编排组织到形态结构中,再由这一形态将信息传达给外界。形态的表现性不应完全受制于创作者的情绪,而应该更多的与形态本身的结构特点结合起来。美国心理学家和美学家阿恩海姆就曾指出事物的形体或运动结构本身与人的生理—心理结构可以有某种相似或一致性。他认为,这种相似使得事物的结构本身就包含着某种表现性,是可以成为美的。比如一棵垂柳并非因为看上去像由一个悲哀的人的联想作用才显得悲哀,而是因为它的结构,它的形状、方向和柔软性本身就传递了一种被动下垂的信息,这一结构与人悲哀的心理结构相似,所以垂柳顺利有效地表现了"悲哀"这一信息。

(二)概念性语义符号特征

通常产品形态表现的概念性语义主要指产品形式层面的感知语义。形式层面的形态概念性语义依附于产品形态,不受个体的影响,建立在感知觉基础上,是产品外形具有的一种视觉力。这种概念性语义是通过产品的造型、色彩、材料、音响、质感和结构等形式要素来表现,主要包括以下方面:

空间知觉的形态概念性语义:层次感、凹凸感、疏朗感、虚实感、整体感、透明感……

生命力知觉的形态概念性语义:生长、膨胀、扩张、孕育……

运动知觉的形态概念性语义:前进、后退、速度、冲击、流动、漂浮、飞翔……

表情性的形态概念性语义：轻、重、涩、畅、毛、光、雅、柔、巧、大、小、厚……

时尚性的形态概念性语义：高科技感、精致感、简洁感、现代感、信息感……

光效知觉的形态概念性语义：炫目感（眩晕、闪眩）、视幻觉、朦胧感、交融感（融化、交错）、清晰感……

审美知觉的形态概念性语义：平衡、和谐、节奏、韵律……

情绪性的形态概念性语义：喜、怒、哀、乐、和、恨、涌、惊、恐、安、静、俭、吉、贵、丰、平、豪、痛、奇……

残败性的形态概念性语义：残缺感、破碎感、伤痕感、裂纹感、倾倒感、凋零感、腐蚀感、萎缩感……

三、形态元素的符号化要素

形态语义的表达是基于符号学的，奥古斯丁认为符号是一个能让我们想起另外一个事物的事物。产品形态作为产品言语系统的一个重要要素，它是人们认知产品和加工信息的关键所在。因此，产品形态作为一种设计符号，它就应该具有符号化的特征，这些符号化特征具体表现在以下几个方面：

（一）符号性特征

这就是说形态本身作为一种符号，它必须具备符号的特征，必须能够表达思想。符号是信息的载体，符号中的信息就是符号本身的状态及其内容的表达。无论抽象的或者实用的符号学或符号理论的产生，都可以追溯到皮尔斯的理论。他把符号理解为一种由媒介、对象、解释构成的一种三位一体的关系，三者各有其关联物。其中，媒介关联物指向对象，对象关联物产生出解释，也就是说，任何一种被解释为符号的东西，在其媒介、对象和解释之间通过其关联物表现出一种三位一体的关系（如图 4-2 所示）。

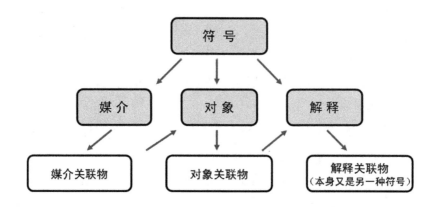

图 4-2   符号的三位一体关系图

这种关系说明一个符号就是一种媒介,该媒介用以表征对象,并对某一解释者意味着一些什么。因此,符号同时起着媒介、标志和意义的作用。不论所研究的符号是简单的还是复杂的,都是一样。其中,"媒介"本身和"对象"是外在于符号的,而"对象关联物"和对象的"解释关联物"即其"意义"始终是内在于符号的。

(二)感知性特征

要实现符号意义的传达,产品形态还要能够参与到符号信息交流行为中来。这就要求符号必须具有一定的形式,这种形式能够被感知,因此符号必须具备能被感知的特点。

心理学中的感觉是指感觉器官(如眼、耳、鼻、皮肤和舌)产生对事物的个别属性的认识,如,苹果的形状、色彩和味道的信息。感觉系统具备以下主要功能:(1)感知外界的物理刺激;(2)把信息传递到大脑;(3)在信息加工之前对其进行必要的加工。因此产品形态必须具备一定的特征,这些特征能够被感觉器官所感觉到。

输入的信息还需要被加工,通过大脑的加工,人不仅可以认识事物的个别属性,而且可以获得关于事物各种属性之间关系的认识,称为知觉。例如,对色彩、形状和味道感觉信息的整合,可以获得苹果的知觉。世界上没有两个完全相同的苹果,每个苹果的色彩、形状和味道也不尽相同,我们却可以认识苹果这个概念。知觉不是被动地获取外部事件的信息,知觉是主动地、积极地、有组织地获取信息。

知觉是一个自我组织和完整的经验。以我们熟悉的房间为例,当熟悉的房间被搬空时,房间看起来那么的陌生。它不但陌生,而且显得惊人的不同。把墙推倒后再看地基,地基在整个环境的对比之下显得极其狭小。我们过去熟悉的经验与现在陌生的经验一样,都是真实的。

感觉与知觉是有区别的,尤其是对心理学家而言。感觉是呈现于感觉器官的、未经精细加工的信息;而知觉是有组织的,是对感觉信息的整合并赋予感觉以意义。每时每刻数以万计的外界事物呈现于我们的感觉器官,但进入我们经验的信息是"简单而明确"的,并不需要通过努力思考来理解我们的所见所闻。这正是由于知觉的组织和注意使我们的经验清晰而可靠。

(三)逻辑性特征

任何符号都不可能单独出现,没有孤立的符号,因为每个符号若要能被解释,它需要至少通过另一个符号来说明。也就是说 A 符号作为载体传递的信息可能是对 B 符号的解释,而同时 A 符号又被 C 符号传递的信息解释着。要领会一个符号,必须首先知道它所代表的那个对象,并理解符号本身的意义,这正是符号的逻辑性。形态语义的关联必定要求形态之间存在一定的关联特征,这种特征在信息加工过程中能够实现推理,因此产品设计中的形态元素必须具有一定的逻辑性。

(四)情境性特征

信息交流受到一定的社会情境和人们知识结构的影响,这就给形态烙上了时代的特征,形态在不同时代具有不同程度的表现力,其传递的语义具有明显的差异性,这种差异性实质上是符号的情境性。

一件产品不是孤立地出现在人们生活的场景中,而是存在于和其他事物的联系中,包括周围事物、生活场景、自然环境,以及更广泛的历史文化脉络,因而,在运用产品形态语义学辅助造型设计时,必定要将产品置于一定的使用情境中,根据一定情境中的人、物、社会、环境等的关系,来准确定义产品的角色及行为,以此为依托赋予产品相应意象,则更易于产品形态语义做到有效传达讯息与内涵给使用者。

(五)创新性特征

设计符号是一个开放的系统,作为要素之一的形态也必须具有能够创新扩充的特性。随着物质文明的发展,对于同一概念意义可以借助不同的形态来表达,这也促使产品形态日趋完善,不断创造最适宜的形态来表达相同的概念意义。

(六)完整性特征

形态元素作为一个符号还必须具有完整性,或者说形态必须符合人们的审美心理。进行产品设计时,设计师要关注产品的形态元素是否完整,只有具有了完整的形态元素的产品才能够更好地将形态语义传达给消费者,满足消费者生理和心理的需求。

第二节　产品形态塑造中的功能性指称

战国时期哲学家韩非子提出:"玉卮无当,不如瓦器",指出了虽然是千金贵重的盛酒玉器,没有底,连水都不能放,其价值还不如普通的瓦器。这说明了古代先人早就意识到了实用功能在器物造型中的重要作用。在工业设计的早期,现代主义先驱提出了"功能决定形式"的设计理念,这突显出机器时代功能的重要性。随着信息技术的发展,产品功能得到了进一步的发展,但是功能和形态仍是设计中的基本主题。

一、功能性指称的概念含义

我们在设计某个产品的时候可知,产品功能是构成产品形态的重要因素,也是创造产品形态的主要动机,离开产品的功能去谈形态创造是毫无意义的。产品功能具有强烈的实质意义,如何使用户在不借助其他帮助的情况下能够很好地使用产品是形态语义学的目标之一,这也是产品的可用性目标。

用户在使用产品时,总会在记忆中寻找与产品形态特征相似的功能目标指向,以求在记忆中对其进行建构并指导其进一步的操作。由于生存活动中信息量庞大而杂乱,能够在用户对信息建构原有的认知基础上,不给用户增加负担,就能够很好的提高产品的可用性和易用性。

形态塑造中的功能性指称要求,在产品设计活动中,通过对产品的某项功能借助产品形态有目的地进行塑造,当用户从产品形态中获取到信息后,使用户记忆中对该类信息的概念指向与由产品形态塑造的目标功能趋于一致。

二、功能性语义的识别传达

功能性指称语义的传达主要由两个部分构成:

(1)用户对功能的认知。用户对功能的认知是进行形态功能性语义表达的基础。如图 4-3 所示,这是一个单向的信息交流,产品功能是通过形态来表征的,用户通过形态来认知产品的功能。

图 4-3　用户对功能的认知模型

(2)用户语义认知与功能的目标指向统一。在用户对形态特征进行加工后,会对形态所要表达的功能产生一定的语义认知,当这种语义认知与功能的目标指向趋于统一的时候,功能性指称才可以被认为是有效的。因此,在进行功能性语义设计前,建立用户语义模型是优秀产品设计的有效途径。许多大型公司近年来都设立了专门的用户研究部门,用来谋求产品更好的宜人性,这一领域的发展也进一步推动了人机工程学的研究,促使其从以生理尺度为主转向对人的生理、心理特征系统而全面的研究,并更加侧重人的心理特征。

三、功能性语义的形态塑造

如何使功能的目标指向与用户语义认知趋于统一是形态功能性语义塑造的基本问题。产品能否将语义信息顺利的传达给用户取决于三方面的条件:一是设计者是否有效地将语义信息编码到产品中;二是产品是否处于一个有利于传播信息的环境中;三是用户是否做好了接收或者解码信息的准备。在这里,设计者对产品信息的组织是第一步,也是最关键的一步。它不仅仅是前文所述产品信息交流模式图 4-1 中(6)的过程,还涉及(2)、(3)、(4)、(5)、(12)的过程。对产品信息的组织绝不是一件轻而易举的事。从对设计者个人的要求来看,它需要设计者有敏锐的接收力,准确的判断力,逻辑的分析力,对感觉的把握力,严密的组织力和完善的表达力;从设计环境来看,则需要一个信息流通、交流舒畅、设备完善、秩序井然、自由有度的开放式空间;从产品本身来看则需要一个较为明确的目的性和价值取向。

设计者对产品信息的组织虽然带有一定的主观性,但不是完全主观的行为,要受到多方面条件的制约,有来自产品本身的,有来自环境的,还有来自受众的。设计者对产品信息的编码既是一种过程又是一种方法。设计师将来自社会生活的信息,在满足设计要求和考虑与环境相结合的前提下,充分调动自己的经验储存和创造力,将必要的设计信息提取出来,并且为了发送和传递而将它们物化于产品中。所以首先这是一个设计者收集信息、储存经验的过程,模式图中与之相关的过程有(2)、(4)、(5)、(12);而如何将收集的信息转化成产品的信息并传递出去就是方法层面的研究,相关的过程有(3)、(6)。图 4-4 就是对按钮的形态功能性指称的研究。

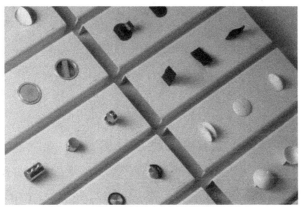

图 4-4　按钮的形态功能性指称研究

第三节　形态语义转换中的内涵与外延

　　形态普遍存在于我们的生活中,可以说这个世界就是由各种各样的形态构成的,有天然的形态,也有再造的形态;不同物有不同的形态结构,表现出的形态特点也不同,传达的信息也不同;世上没有孤立存在的形态,同一环境的不同形态间总是有着千丝万缕的联系,几种不同的形态相互作用、相互影响又能萌生出另一种新的形态。人们对新形态的创造是建立在已有的形态基础上的,是通过对已有形态的改造或再创造实现的;艺术创作、产品的设计制造都是创造新形态的过程。

一、作为"再现"的形态符号

　　既然是在已有形态的基础上创造新形态,那么新形态和已有的形态之间总会有一定联系，而蕴涵在两形态中的信息也会有一定关联性，两者间的联系决定了两者间的关系。当新形态在某种程度上"模仿"了原有形态，则新形态就是原有形态某种程度上的"再现"，这时两者仍是相互独立的个体，却有着相似的形态结构，我们或多或少可以在新形态中找到原有形态的影子或痕迹；"模仿"是"再现"采用的方式或手段，这里的"模仿"并不是照抄，而是一种对原有形态进行分析提炼后的再创造。阿恩海姆曾说过："再现永远不是为了得到事物的复制品，而是以一种特定的媒介创造出与这种事物的结构相当的结构。"他还证明，并不存在什么绝对的写实主义，也没有不偏不倚的或绝对忠实的自然主义，任何对现实的再现都不是自动的和机械的。"再现"应当"是一种翻译，而不是一种抄录"，是一种"转换式变调，而不是一种复写。"

　　"再现"最初是作为一种艺术语言被提出的，它的真正意义，并不局限在制造相似于原物（这种场合，我们称再现是刻板的）的事物，还包括一种情感再现，也就是说制造品所唤起的情感相似于原物唤起的情感。这样，我们可以把"再现"区分为三个等级：第一等级是一种朴素的或几乎无所取舍的再现，力求达到几乎不可能的完全逼真的再现。我们可以在旧石器时期的动物画或埃及的雕刻里找到范例；在第二等级中人们发现，通过大胆选择重要的或者具有特色的特征并抑制其余的一切，甚至更能成功地产生同样的情感效果，说这些特征是重要的或有特色的，仅仅意味着发现它们能独立唤起情感反应；第三等级则完全抛弃刻板再现，但是创作依然是再现的，因为它是专心致力于情感的再现。于是，为了再现的目的，音乐就不需要复现羊群的叫声和机车快速前进时发出的音响，却也能给人们带来同样的感受；而一个完全抽象的形态也能像具象形态那样带给人相同的心理感受。

　　无论哪种再现，都要通过一定的形态来表达；作为再现的形态，不是原本存在的，而是人们在原有形态的基础上创造出来的新形态，它的目的不在于向人们解说原有形态的特征，它有自身要表达的内容和情感，它有着自己独立的信息构成，它只是借助已有形态中与它要表达的内容相似的信息,加以提炼概括再创造,变为自身的内容加以表达。因此,它并不受制于原有形态,而有着独立的形态结构,表达着自身的内容和情感。它之所以借鉴已有形态的特征,是因为人们对已有形态已经熟悉和接受,这样,当人们认识新形态时,可以通过那些相似点引发相应的联想,从而更好地接受新形态要传达的信息。

　　过去,许多艺术家认为"再现"只是艺术创作运用的手法,只有艺术品才能作为再现的形态,其实这种看法是片面的,在现代设计中,设计师对产品形态的创作也大量采用"再现"的方法,特别是后现代主义设计(如图4-5、图4-6所示),为了赋予产品更丰富的语义和精神内涵,更加离不开"再现"的手法。

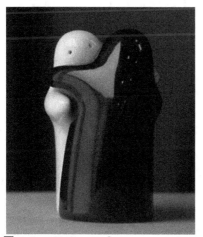

图 4-5　HUG salt & pepper shakers

图 4-6　螺旋水槽设计

二、形态再现中的语义关联

　　在对产品的设计中,设计者为了有效地将某种信息编码到产品中,往往会借鉴人们较为熟悉的原型进行加工处理,抽象或简化运用到产品中。所以产品的语义转换就要求设计者做到两点:一是找到与产品自身信息有一定联系的单个符号元素,二是用合理的方法对这些元素进行有机组合,使其有效地构成一个整体。

构成整体的单个元素我们可以从已知的、已被人们接受了的事物中寻找,借它们和产品的相似点来传达产品的信息。这样可以更好地激发人们的经验和联想,更快地理解和接受产品信息。可以用图 4-7 来表示有一定联系的已知事物和新产品之间的关系。其中 A 表示有着确定型的已被接受的事物,X 表示没有确定型、还未被接受的新产品;a1、a2、a3……,x1、x2、x3……分别表示 A 和 X 要传达的信息;Va1、Va2、Va3……,Vx1、Vx2、Vx3……则分别表示能传达 A 和 X 中信息的各元素。

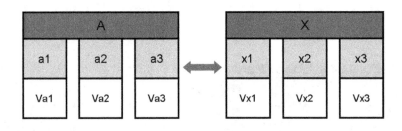

图 4-7　语义关联图

形态再现中的语义转换正是借 A 中的 Va1、Va2、Va3……来表达 X 中与 A 相似的信息;当然这不是原样照搬的借用,而是对元素进行了一定的调整和抽象,使其变成了 Vx1、Vx2、Vx3……

三、形态转换中的内涵与外延

任何产品都是有机统一的整体,是由许多要素相互依存、彼此联系的紧密结合起来构成的,是仿佛生物体那样高度统一的整体。这个整体既有"内在的"又有"外在的","内在的"是指蕴涵在整体中的精神、情感要素;"外在的"则是构成整体的可观可感的物质结构,包含了产品的技术信息和功能信息。"外在"是基础,"内在"通过"外在"来表达;"内在"和"外在"共同构成了产品的形态。"外在"是产品的直接形态,表现为物质的;"内在"则是产品的间接形态,表现为非物质的。

在形态再现过程中,语义信息也伴随着形态本身得到了转换,由此导致所产生的新产品形态在其功能语义上得到了一定的扩张,这种扩张主要表现在产品形态转换中的内在与外在方面,即产品形态转换中的内涵与外延。例如图 4-8 沙里宁设计的胎椅,其形态在外延上指称该椅子的明示意——怀抱的概念,而产品形态在内涵上让人联想到怀抱婴儿的母亲,情感上给人舒适温暖的感觉。

图 4-8 沙里宁设计的胎椅

还有人们都熟悉的悉尼歌剧院(图 4-9),其形态在外延上也引起人们许多联想,贝壳、起航的帆船、海龟……,其形态在内涵上由这些事物又自然而然想到大海,再想到澳大利亚是一个与海有着紧密联系的国家。经过由这一形态引起的一系列的心理过程,人们很快便理解并接受了它,它也很自然地成了代表澳大利亚的一种典型符号。

还有中国古代庭院中的廊窗借用扇子的形状就是典型的形态转换,其形态转换在外延上借用了扇形和“扇”与“善”的谐音,而形态转换在内涵上用这种语义来表达人们追求真、善、美的美好情感。

形态转换过程中对产品语义的表达要求我们能够将原有形

态和新形态的意指很好的关联在一起,使二者彼此呼应,成为有机的整体。

图 4-9 悉尼歌剧院

第四节 形态语义传达的概念意义延伸

一、形象的概念极其构成

产品形象(Product Identity,简称 PI)从广义来讲是指人们对企业产品的总体认识和综合印象,它包括了产品的品牌、功能、设计、工艺、质量、包装、展示、广告、营销、使用、维护、服务等方面的因素,应该说人们对产品的任何感知都构成了产品形象的一部分(图 4-10)。

狭义的产品形象主要指产品主体本身所呈现的形象。在这一部分内容中我们主要从产品形态语意的角度来阐述产品形象的意义延伸。产品形象设计是以产品设计为核心而展开的系统形象设计,包括两个方面的主要内容:一方面体现着企业文化、经营战略与设计理念、制造水平等内涵,另一方面又必然表现为外在的视觉形态。

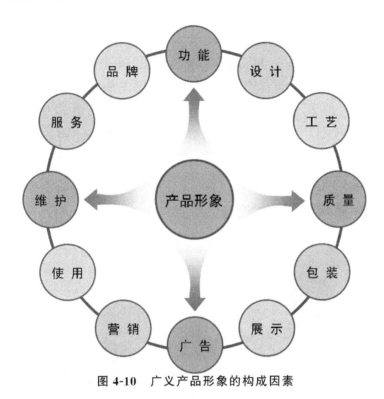

图 4-10　广义产品形象的构成因素

　　人们在长期的产品认知过程中,对产品整体的语义具有一定的心理建构,这实质是产品在用户心中的再现反映。产品形象的建立与产品本身传达的语义和产品体验有关。产品本身所传达的语义信息对用户建立产品形象有一定的作用,但是这种结果往往是抽象的,只有长期的体验才能将产品形象更趋向于稳定。如宝马汽车所给人的形象并不是你看到一次两次后的结果,而是你对宝马汽车一系列产品的认知和体验所得到的。诺基亚公司所建立的手机形象就是良好的用户体验。产品形象的建立是在人们对产品认知后的必然结果,其建立也是多方面作用的结果,这些方面包括产品的文脉、形态的风格、设计符号的沿袭、企业的文化理念、产品的情境以及用户体验、用户语义建构等。而对产品形态的语义认知加工是诱发这一结果的主要因素之一。

二、传达的概念意义延伸

产品形象的概念意义的延伸与产品的内涵与外延相比能将意义更进一步提升。如图 4-11 中的沙发,其良好的语义表达对产品自身的形象建立起到了重要作用,它首先满足了用户的第一层需求状态——坐的生理需求;其次它通过产品形象唤起用户的第二层需求状态——渴望坐在母亲怀里;再次通过用户对它的使用而体验到一种如坐在母亲怀里的舒服温暖的感觉,这就是被表达出来的需求信息,最后产品会诱导你去使用她、欣赏她或将她推荐给其他用户,这就是产品通过形象的概念意义来延伸的作用。

图 4-11　"Up 5 Donna" 沙发

产品形象的形成需要一个较长期的过程,在整个过程中一方面必然要随着外部环境的变化而变化,但另一方面这种变化或者叫创新又必须是具有一定的延续性的。只有创新才能跟上时代满足人们日益变化的需求,也只有延续才能在市场中形成稳定的概念,树立一定的形象。因此,企业要建立一个良好的品牌形象有赖于对其产品进行既有创新又有延续的形象设计。宝马汽车公司所秉承的就是这种产品想象理念,我们可以在宝马的一系列车型上看见它统一的风格形象:理性、严谨、大气、尊贵等(如图

4-12 宝马系列汽车）。

图 4-12 宝马系列汽车

　　企业的产品形象具有长期与稳定的特点。产品形象的具体体现是产品在设计、开发、研制、流通、使用中形成的统一形象特质，是产品内在的品质形象与产品外在的视觉形象形成统一性的结果。前面分析的产品形象语义内涵是产品形象的内在品质，是一种抽象化的理念。只有将这种抽象化的理念转化到产品的外在视觉上才能被人认知、理解，从而树立起实体的形象。

　　比如苹果产品设计，有着鲜明的家谱和设计规则，从中可以看出其产品系列间的发展过程与风格更替（图 4-13）。

图 4-13　苹果产品家谱节选

三、语义传达的基本流程

　　工业设计通常用特有的造型语言进行产品形态设计,并借助产品的特定形态向外界传达自己的思想和理念。产品的外形既是外部构造的承担者,同时又是内在功能的传达者,而所有这些都是通过运用合适的材料以及一定加工工艺以特定的造型来呈现。通过形态设计来表达产品形象,体现产品的品质"形象",就要从研究形态创意的过程和方法入手。产品形态语义学运用到产品形象设计中不仅能够提示产品的操作语意,更重要的是能够诠释产品内涵意义,体现产品精神功能和文化价值。产品形象设计要建立在对语意传达的目标进行分析和设定的基础上,具体方法及流程包括(图 4-14):

　　(1)建立产品的目标与特性。

　　(2)确立产品预期的使用情境和文化情境。

　　(3)列出所要的属性特征清单。

　　(4)列出所要避免的属性特征清单。

（5）将上述属性特征群化与排序。

（6）寻找支持属性特征的造型语素。

（7）评价、选择和整合。

（8）技术可行性的配合。

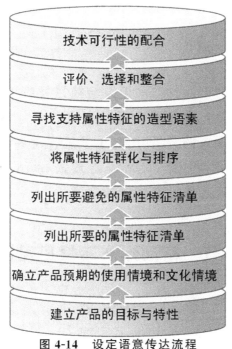

图 4-14 设定语意传达流程

第五章　形态设计语义与传达应用方法的案例分析

本章首先将对产品的空间形态转换以及应用进行研究,在此基础上分别对产品操作原件的功能语义传达与概念性设计形态语义的传达进行深入的分析,同时总结出视觉界面识别符号化系统的应用方法,最后将对产品形态语义做系统性的描述,并且通过一系列典型的产品设计案例进行论证。

第一节　空间形态转换应用研究

一、空间形态的基本含义

研究产品设计,需要从产品本身各种各样的形态入手。我们可以发现,生活当中的任何一件产品都是由各个基本形态组成的,圆形、方形、有机形态,等等,不管哪种形态,都可以统称为空间形态。并且,每一种基本形态都有它自身的象征含义,如圆形象征圆满、方形象征稳定,等等。正是这些不同的基本形态、不同的象征含义构成了产品这个整体,使产品有了功能指示、感情传达的作用,因此产品是基本空间形态及语义的综合体。产品的设计、产生必须通过空间形态的转换来实现,本节主要阐述空间形态及其转换应用研究。

物体的空间形态,在物质世界中存在于一定体积之间。体积具有上下、左右、前后、里外等多侧面可视性,同时又具有多侧面的触觉可感性,在几何形态中有方、圆、锥、柱、多面锥体、椭圆体形态等,在自然界中,各种形体以大小、厚薄、长短、曲直等或规则或不规则的形态组合,山川、河流、动物、植物也都呈现为丰富多姿的空间形态。

二、基本元素和构成规律

我们讲产品是由各种各样的形态组成的,那么形态又是由哪些形态元素构成的呢? 这些形态元素又是以怎样的规律构成形态的呢? 对形态元素和构成规律的研究,可以使我们更好的理解形态,找到创造形态的基本规律,从而更好地为产品设计服务。形态不等于形状,它是一个完整的概念体,形态可分为自然形态和人工形态两方面,但无论哪种形态都可从形态基本元素和构成规律两方面着手研究。

(一)基本元素

组成空间形态的基本元素有点、线、面、体、形、色、质。

点是组成空间形态的最基本的元素。点的体积有大有小,形状多样,排列成线,放射成面,堆积成体。点的空间表现:空为虚,实为体,两点含线,三点含面,四点含体。

线是简洁、单纯而赋有生命力的造型元素。就线的形态而言有粗细、长短、曲直、弧折之分;线的断面又有圆、扁、方、棱之别。如图 5-1 所示为利维奥·卡斯狄里奥内和詹弗朗科·弗拉狄尼设计的灯具,就是由点和线结合构成的形态。

图 5-1　点线组成形态

　　面的形态元素,在几何学中是线的移动的形态,也可以由块体切割后而形成。如果通过卷曲伸延,还可以成为空间的立体造型。不同的面有不同的象征含义,平面表现稳定,曲面表现动感。

　　把形态从二维放入三维空间中便具有了体的概念,同时"体"又具有体量的含义,是指形状的大小、重量感,体量大的感觉饱满、体量小的感觉轻盈(如图 5-2、图 5-3、图 5-4 所示)。

图 5-2　线面组成形态

图 5-3　面体组成形态

图 5-4　体和体组成形态

　　色彩是构成形态的必要因素。它不仅是视觉辨认的主要媒介,而且也是形态作用于人们的生理、心理的机能因素,事实证明色彩与形态之间是密不可分的。

各种材料的材质和性能作用于人的视觉心理会产生不同的感受,可唤起不同时代的联想。如:石器时代、青铜器时代、钢铁时代、塑料时代与合金时代。随着科学技术的发展,新的材料还在不断出现,丰富多样的材料也带来了丰富的信息,使造型更具有生命力。

(二)构成规律

我们对空间形态进行转换的目的是:通过对形态的创造、概括、提炼,通过组合、加减、排列、整合造型的基本方式,达到和谐、对比、对称、平衡、比例、重心、节奏、韵律的目的,从而创造出千变万化的形态。

在抽象形态中,几何形体块的造型是最基本的构成法。立体几何形的单独体可以分为:球体、立方体、圆柱体、圆锥体、方柱体和方锥体等几种基本形体。如果加以物理外力作用进行拉伸或挤压,使这几种基本形态变形,便可以产生具有多种生命力的造型。通过几何体块的增值或消减,再加以重构,是变形的又一种手段。如果把这些相同的和不同的单体、综合体加以组合,将会产生出更为丰富的造型形态。

任何形态都不是孤立的处于环境中的,形态总是和它周围的环境、和其他的形态发生密切的联系,它们相互作用,从而形成新的形态。破坏与解构是对原型原材料的初加工,也称"减法创造"。组合与重建将简单形体或是破坏、拆散后的材料重新连接组合,创造一个新的整体造型,这种手段也称"加法创造"。变形与扭曲这是将规则的实体造型或原材料进行异化变形处理,使单调冷漠的形体变成复杂生动的形态,使平面形态变为曲面形态、凹凸面的形态,使立体造型更为丰富(如图5-5、图5-6、图5-7、图5-8、图5-9所示)。布鲁诺·穆纳利1957年设计的烟灰缸从形态上来说,是减法创造的典型例子(图5-10)。

图 5-5　形态的拉伸

图 5-6　形态的挤压

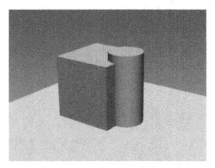

图 5-7　加法创造

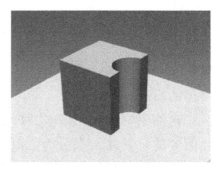

图 5-8　减法创造

图 5-9　变形扭曲

图 5-10　烟灰缸

三、形态转换的语义表达

　　空间形态是一种符号，可以传达一定的语义。因此空间形态的转换应该在充分考虑形态语义的基础上，根据所要传达的语意信息,进行形态的转换。空间形态转换的目的,在一定程度上可以说是为了引起观者的情感共鸣,从而使空间形态与观者进行对话与交流。因此,空间形态转换的过程也是语义表达的过程。总结前节分析可以得到形态转换基础训练模型,如图 5-11 所示。

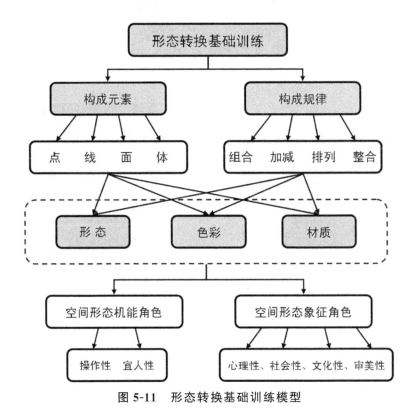

图 5-11 形态转换基础训练模型

(一)空间形态转换意义的获取

1.空间形态的机能角色

操作性、宜人性:借形态体现其功能,体现其工作方式,便于人们了解和操作。例如:圆形通常含有"转"的含义。如图 5-12、图 5-13、图 5-14 所示,通过观察我们可以发现它们都是以圆形为形态,而且它们都具有旋转的功能。

图 5-12　汽车车轮

图 5-13　方向盘

图 5-14　音响旋钮

2.空间形态转换的象征角色

任何造型都是服务于人的,人的视觉条件具有特征性,视觉效应往往与人的生理、心理、情绪、文化背景等有着紧密的联系。不同的空间形态有不同的象征性含义,根据形态象征角色,我们需要考虑的项目有:

（1）心理性

形态在人们心理上所代表的象征性含义等。例如:圆是所有几何图形中唯一没有遭到线条分割的图形,而且圆周上的每个点都完全一样,因此,圆使人们感觉是完整、圆满和统一的象征,并且人们根据心理感受把圆引申为美满、团圆和凝聚力量。圆形与方形结合,佛教中的坛场——曼荼罗是一个被圆形环绕的方形图案,象征着由物质层次向精神世界的升华过渡。

（2）社会性

如形态所处的场合和环境,与周围环境是否协调（周围物品、社会环境)。形态符号带有社会性特征,例如:万字纹(图5-15)在许多文化群体中尤其是印度、伊朗地区的早期信仰中,它是太阳或天空之神的象征。

图 5-15　万字纹陶器

(3)文化性

对区域文化、传统文化加以体现。例如:我国古代对于"天圆地方"的认识,源于古人在实际生活中对不同形状的物体具有明显不同的运动特性的直观感受。"天人之际,方圆之间"是传统中国士人的生命观。方与圆已不仅仅具有单纯的几何意义,在一定程度上它还包蕴着东方文化的哲学精神和独特的空间意识。

(4)审美性

符合审美上的要求。基本的审美原则有以下八点:

①比例美:古希腊时期所发明的黄金率 1∶1.618 长度比例关系。许多造型物体与空间,只要近似于这个数字,在视觉心理上就能产生部分与整体的比例美感。

②单纯美:单纯的含义是指构造材料少,造型结构简洁明朗,并非是简单和单调。单纯美的形态能创造出丰富的信息内容和变幻莫测的立体造型。如:包豪斯时期设计的几何型简洁化的产品(图5-16、图5-17),至今仍受消费者的欢迎;"IKEA"的产品造型,就是延续这个单纯美的意旨的设计(图5-18)。

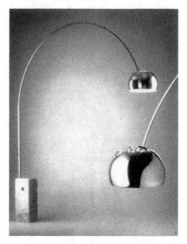

图 5-16　包豪斯风格产品

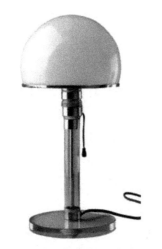

图 5-17　包豪斯风格产品

图 5-18　宜家家居产品

　　③平衡美：所谓平衡就是稳定的意思。它的表现形式可以分为两种：对称、均衡。

　　④节奏美：节奏在音乐中是节拍，在立体造型中是秩序，是有规律性的变化美。"节奏如筋骨，韵律似血肉"是指音乐，同样也可以指造型中的强弱、快慢、长短、高低有序。

⑤韵律美:线条的疏密、刚柔、曲直、粗细、长短和体块形状的方、圆、角、锥、柱的秩序变化。形式感和一致性意味着"押韵"的概念。

⑥对比美:通过两种不同事物的互相衬托而形成对立统一的现象。这种现象会在视觉心理中产生刺激的美感,形体、空间、材质、色彩方面等对比的运用可以使形态生动、活泼、个性鲜明。

⑦强调美:为了更好地突出主题重点,让视觉一开始就注意到最主要的部分。运用强调手法要有节制,否则会喧宾夺主。

⑧统一美:它使各种多样复杂的因素统一在一个完整、明快、圆满的意境之中。把复杂的个性要素统一在一个格调之中,这就是统一美的秩序原则。

(二)"方与圆"的语义传达

"天圆地方"是我国古代对于天地形状的一种认识,从秦汉至明清的两千年间,历代帝王们均按照这一认识把他们祭祀上天和大地的场所分别建造成圆形和方形,北京的天坛和地坛(图5-19、图5-20)便是天圆地方的空间格局。天圆地方是中国人特有的朴素的、直观的宇宙图式观念。但方与圆的概念在中国文化中与西方人所理解的方与圆是有所不同的,在中国传统文化中,有代表中国人人格取向的"外圆内方"(外表温和,内心坚持)之说。方与圆已不仅仅代表单纯的几何意义,它包蕴着东方文化的哲学精神和独特的空间意识。

在现代设计活动中,方与圆的空间语意仍被频繁使用。北京奥运场馆的国家体育场"鸟巢"(图5-21)和国家游泳中心"水立方"(图5-22)的设计就是一圆一方的空间形态。我们也会注意到许多带有传统文化底蕴和喜庆色彩的物品的包装多采用方、圆空间,如图5-23、图5-24中的糕点和月饼包装。事实上,这种对方圆空间的偏好是中华民族在几千年的历史文化沉淀中形成的独特的审美习惯和精神愿望。代表生命初始的卵是圆形的,万物依之生存的太阳是圆形的,因此圆代表了完满、协和和一切美好。唐代张志和在《空洞歌》中写道："无自而然，自然之原。无造而化，造化之端。廓然豁然，其形团圞。"而方形在五行中属土形，这种形状，地气平和，有着平稳渐进的灵动力。正是由于人们对方与圆的直观、感性的认识，方与圆在我国的传统造型艺术中占据着极其重要的地位。周平在《中国器物的造型设计》一文中就将中国造型史上三次变革的语言归结为：第一次是圆，语言是泥土；第二次为方，语言是金属；第三次既方又圆，语言是瓷土。由此看出，在长期的文化历史沉淀和实践中，人们已赋予了方与圆内在精神象征和外在审美准则：圆的完满、协和；方的宁静、沉稳。

图 5-19　圆形的天坛

图 5-20　方形的地坛

图 5-21　国家体育场

图 5-22　国家游泳中心

图 5-23　糕点包装

图 5-24　月饼包装

又例如不同的室内空间形态给人的心理感受各不相同，室内空间的形态就是室内空间的各界面所限定的范围，而空间感受则是所限定空间给人的心理、生理上的反响。

(1)矩形室内空间。这是一种最常见的空间形式，平面具有较强的单一方向性，立面无方向感，是一个较稳定的空间，属于相对静态和良好的滞留空间，一般用于卧室、办公室、会议室、接待室等室内空间(图5-25)。

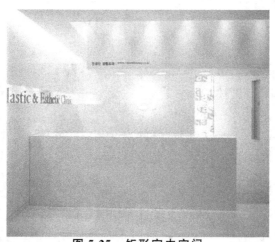

图5-25　矩形室内空间

(2)折线形室内空间。平面为三角形、六边形或多边形空间。比如三角形空间，平面为三角形空间具有向外扩张之势，立面上的三角形具有上升感；平面上的六边形空间具有一定的向心感等。

(3)圆拱形空间。圆拱形空间常见的有两种形态。一种是矩形平面拱形顶，水平方向性较强，剖面的拱形顶具有向心流动性；另一种为平面为圆形，顶面也为圆弧形，有稳定地向心性，给人收缩、安全、集中的感觉(图5-26)。

(4)自由形空间。平面、立面、剖面形式多变而不稳定，自由而复杂，有一定的特殊性和艺术感染力，多用于特殊娱乐空间或艺术性较强的空间(图5-27)。

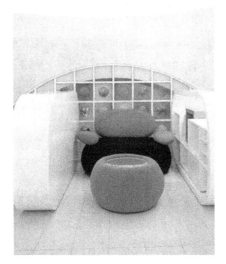 

图 5-26　圆拱形室内空间　　　　图 5-27　自由形室内空间

　　总之,空间形态转换所表达的语意,可以按照前面"空间形态意义获取"中所讲的几个方面,即对于功能的表达,对于人的心理情感的表达,对于社会环境的表达,对于文化传统的表达,以及对于审美需求的表达等这几个方面着手进行考虑。

(三)基于语意传达的空间形态转换

　　对形态的创造和转换,不是照抄、照搬自然的和已有的形态,而是根据所要表达的语意进行再创造。拿"仿生"形态来说,仿生是希望给人自然、形象、有趣的概念,但仿生是否就是对自然形态照抄呢,是否直接把自然形态搬上来就是最自然最有趣的呢？答案是否定的,假如一架飞机采用了原生的昆虫的形态,或一艘轮船采用了自然的鱼的形态,其结果非但不有趣,还给人荒诞、恐怖的感觉。因此,"仿生"中的一个"仿"字就说明了问题的关键,"仿"是对自然形态的归纳、提炼、概括、创造,既对原生的自然形态进行参照,又不是照抄,而是进行创造。在"似"与"不似"之间的"仿生"才是最高明的仿生(图 5-28)。

图 5-28　盥洗设施仿生设计

又如我们想用形态传达中国传统文化的概念,使中国传统艺术符号在现代设计中得以延伸和发展,我们应该在理解的基础上取其"形",延其"意",从而传其"神"。取其"形"不是简单的照抄,而是对传统符号的再创造。这种再创造是在理解的基础上,以现代的审美观念对传统造型中的一些元素加以改造、提炼和运用,使其富有时代特色;或者把传统符号的造型方法与表现形式运用到现代设计中来,用以表达设计理念,例如凤凰卫视中文台台标(图 5-29)。延其"意",中国传统符号背后的"意"是人们迷恋其造型的关键,传统符号背后的吉祥意味同样适用于现代设计。如日本现代建筑大师丹下健三设计的东京代代木奥林匹克国立综合体育馆(图 5-30),采用非常先进的悬索结构,而造型既与结构形式有机结合,又带有日本古代寺庙屋顶潇洒飘逸的韵味。

图 5-29　凤凰中文台台标

图 5-30　东京代代木奥林匹克国立综合体育馆

四、空间形态的意义延伸

空间形态转换过程中既有"内在的"转换又有"外在的"转换。"外在的"是指构成整体的可观可感的物质结构,即物体的实质形态,空间形态的转换首先就是体现在物的形式变化上,例如由方变为圆、由自然变为人工等,"外在的"即我们所指的外延;"内在的"是指蕴涵在形态中的情感、文化及语意表达,在形态转换过程中,语义信息也伴随形态得到转换、延伸,"内在的"即我们所指的内涵。

例如我国园林设计中,把门做成瓶子的形状,这是借由"瓶"和"平"的同音,而传达平安的美好愿望。在这里,形态转换的物质层面为:由瓶子的形态转换为墙上瓶子形状的门;非物质层面:"瓶"(指涉物)转换到了"瓶门"(能指)联想到"瓶"—"平"的象征意义——平安(所指),由瓶和平的同音,把单纯的用于出入口的门赋予了平安的美好含义(图5-31)。我国园林中还有许多类似于"瓶门"的"月门""扇窗"等(如图5-32至图5-34所示)。

图 5-31　瓶（平）门

图 5-32　扇（善）窗

图 5-33　月门

图 5-34　月门

　　总之,空间形态转换的"内在的"和"外在的"的方面是一个整体,二者相辅相成。我们在进行空间形态的再造过程中,既要考虑到"内在"方面,又要考虑到"外在"方面。"内在的"转换不是我们的最终目的,任何形态都会使观众产生一定的情感或联想,或联想到此形态的可爱,或联想到此形态所包含的文化性、历史性等含义。因此我们进行形态转换的目的是更好地传达形态的外延,使形态提升到一个更高的层次,让形态传达语义,让观众与形态交流。

第二节　操作元件功能语义传达研究

一、操作元件的分类及其特征

　　在现代化的大工业时代,琳琅满目的产品构成了我们生活的物质世界,同时工业产品中的操作元件的种类也极其繁多,各种划分的标准也不一样,因此容易出现混乱的局面。根据操作部位的不同,常被划分为手动操作元件和脚动操作元件两大类。

(一)手动操作元件

　　手动操作元件顾名思义是指以人的手通过施加作用力进行控制的元件。根据人机工程学的理论,按其运动的方式可以分为以下三类:

1.旋转式操作元件

　　这类操作元件有旋钮、摇柄、方向盘等,主要用来改变或者调节机器的工作状态,也可以将系统的工作状态固定在某一状态上(图 5-35 至图 5-37)。

图 5-35　汽车方向盘

图 5-36　操作旋钮

图 5-37　方向盘

2.移动式操作元件

　　这类操作元件有按钮、操纵杆和刀闸开关等,主要用来使系统从一个工作状态转变到另一个工作状态,常作为紧急制动,开关等,具有操作灵敏、动作安全可靠的特征(如图 5-38、图 5-39)。

图 5-38　汽车换挡器

图 5-39　咖啡机操作手柄

3.按压式操作元件

这类操作元件有各种各样的按钮、按键等,具有占用空间小、排列紧密的特点,一般只有接通和断开两个工作状态。因此经常用于机器的开关、制动等控制上,特别是近年来在电子产品当中得到广泛的应用(图 5-40)。

图 5-40　遥控器

(二)脚动操作元件

脚动操作元件是指通过脚部的施力进行控制的元件,主要有脚踏板和脚踏钮两种。这类操作元件主要应用在手无法或不方便操作的场合,比如自行车和摩托车上的脚踏板,汽车上的制动器和油门器等。另外,脚踏钮主要是应用在控制力比较小的场合(图 5-41、图 5-42、图 5-43)。

图 5-41　自行车踏板　　　图 5-42　单车踏板　　　图 5-43　汽车脚刹

二、操作元件的功能语义分析

操作元件是控制和改变与之相联系产品的工作状态的工具，每一个操作元件的形态各异，并都有着相应的和固定的控制功能。前面说过，如何使功能目标指向与用户语义认知趋向统一是形态功能语义塑造的基本问题。为了减少误操作，必须对操作元件进行形态编码，使之具有各自的特征，从而使得操作元件的形态与其功能相对应，传达给操作者准确的功能信息。根据产品形态语义学自身具有的符号系统组成要素，即产品的形态、色彩、肌理、材料等，对产品的操作元件的编码相应的有以下几种：

（一）形状语义编码

利用操作元件的外形进行区分，以适合不同的使用要求，这是一种主要的编码方法，也是一种广泛应用并容易让操作者接受的方法。一般来说形状的编码要与其功能相对应，便于形象记忆。如图 5-44 所示，不同的形态表示不同操作功能。圆形的大操作元件传达出可旋转的操作提示，而方形的按钮则表示出按压式的操作提示，带有控制杆形状的操作元件则有移动式的操作提示，等等。

图 5-44　不同形状的操作控制元件

（二）色彩语义编码

色彩是物体的外部的构成要素之一，因此根据色彩编码来进行区分操作元件,具有视觉心理上的可识别性。大千世界的色彩多种多样并能被人眼所识别,但是作为操作元件的色彩主要有红、黄、蓝、绿、橙、黑、白、灰等,这是因为色相多了容易产生混淆。不同颜色的操作元件传达出来的语义也有所不同,如红色一般用做警戒色,用于产品相对关键的操作元件上,起到提醒和减少误操作的作用,黑白灰色系一般地可以表示高科技的特征,给人以某种程度上的信赖感(图5-45)。

图 5-45　不同色彩的操作界面

(三)材料语义编码

材料是操作元件的构成主体,一般操作元件的材料主要有塑料、金属、纺织物等,不同功能需求的操作元件使用不同的材料和不同的工艺加工而成,而不同材料所体现出的质感也不同。质感主要包括质地和肌理,质地是质感的内容要素,而肌理是指材料本身的肌体形态和表面纹理,是质感的形式要素,反映材料表面的形态特征,使材料的质感体现更具体和形象。材料表面细腻或光滑,使光线能集中反射,产生耀眼的光感;材料表面粗糙,使光线产生漫反射,光线柔和。操作者主要是通过触觉和视觉来感知材料的质感的,不同的质地和肌理给操作者产生不同层面的心理感受,如光滑的塑料元件传达的是一种现代工业的时代感,经过表面蚀纹或表面抛光镀铬的按键体现出了信息社会的科技美感,而用纺织物制作的操作元件则给人以一种返朴归真的自然感受(图5-46)。

图 5-46　纺织物质感的电子产品

　　总之,工业产品操作元件的语义传达主要是由形态、色彩、材料三大要素所构成。操作元件能否准确地向用户传达其功能指示信息,主要取决于这三大要素的设计是否能系统有机地结合。另外,世界上任何事物都不是孤立地存在的,都与它们所在的外部环境发生着一定的联系。因此,操作元件作为产品组成的一部分,无论是单个元件的设计还是所有元件的整体布局都必须与产品自身的风格相协调,形成一个统一的产品系统。

　　综合以上分析我们可以了解到产品功能语义主要是由形状、色彩和材料语义编码三个部分组成,它们共同组成了产品的功能语义并在一定的使用情境和文化情境中与使用者发生联系,如图5-47 所示为产品功能语义编码的框架图。

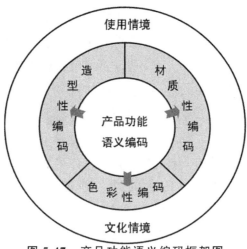

图 5-47　产品功能语义编码框架图

三、设计原则与典型案例分析

(一)操作元件的设计原则

操作元件的种类繁多,造型设计也不尽相同,但是根据人机工程学的理论和人的习惯性等生理、心理特点,操作元件的设计应遵循如下的几条原则:

1.功能传达性原则

"形式追随功能",一件产品的外观形态是以其所具有的功能为依托的。同理,产品操作元件的形态设计也必须以体现和传达其操作功能提示为主要的设计目标。具体主要表现在操作元件的形状和提示标识的设计上。

2.人机适应性原则

在人机界面中,人是操作的主控者和信息的接收者。人的一系列的生理和心理活动在很大程度上决定着操作元件的外观形态设计以及多个元件的布局设计,因此为了提高操作的效率,必须使操作元件的设计符合人的使用要求,保证其人机操作的合理性。例如,对于控制性的操作元件,操作状态一般地分为启动和停止两种,这类操作往往一经设置就不易改变,并且要求操作者在操作之前要做出判断性的决定,特别是在某些紧急情况之下要求操作者所做出的决定要快速而准确(如汽车上的紧急制动控制),因此这类元件的设计要设法缩短人的反应时间;对于调节性的操作元件,其操作状态可以是连续性的,必须保证元件操作上的稳定性,如汽车上的方向盘(图5-48)。

图 5-48　汽车方向盘

3.整体协调性原则

操作元件设计的整体协调性原则是指多个操作元件的整体
布局设计的协调性,而且操作元件本身形态的设计也必须与产品
的整体风格相协调,如流线型风格的产品外观常常配合圆润形态
设计的操作按钮或者按键;反之,外观硬朗、直线型风格的产品则
常常配合条形或者方形的操作元件(图 5-49)。

图 5-49　微波炉操作界面

另外,操作元件外观形态或者整体布局的设计风格需要体现
和秉承产品的品牌形象。如苹果产品的简约外观就秉承了品牌
形象的主旨,能增强用户对该品牌的可识别性(图 5-50)。

图 5-50　iPhone 手机简约外观

（二）操作元件的典型案例分析

案例一：iPod 音乐播放器操作按键设计分析

iPod 是苹果公司最先推出的硬盘式音乐播放器，该产品自投放市场以来获得了巨大的商业成功，这当中有企业广告宣传的作用，也有品牌影响力的作用，但重要的是产品的设计迎合了目前年轻一代追求时尚、个性的心理需求。

iPod 的机身多以白色为主，设计风格简洁大方，它的最明显的特征就是底下的大圆形的导航键的设计，材料为硅胶塑料，具有柔和的手感和耐磨效果，给用户传达的是一种亲和之感，能缩小产品与用户之间的心理距离。圆形的外观设计让人联想到"可旋转"的操作动作，跟其他的导航键的设计所不同的是，iPod 的导航键中增加了触摸式的功能，只要用手指在圆形的操作区域做旋转运动的触摸操作，就可以完成音量的大小调节以及曲目的选择的功能。这种体验类似于 DJ（Disc Jockey）播放音乐时的操作动作，并借此来传达该产品的基本的功能——音乐播放，同时能让用户在使用过程中获取一定的操作体验，用户产生的这种美好的体验最终获得情感需求上的满足（图 5-51）。

案例二：西门子 Xelibri 系列手机按键设计分析

西门子公司的市场分析人员指出，最有力的消费者在 20—40 岁，因此让年轻人接受是关键。如果一个产品无法吸引这个最大的消费群体，即使内在品质再好，也不会有市场响应，因此时尚成了西门子产品的重要转型方向。推出的 Xelibri 系列手机充分地体现了"灵感""时尚""前卫"的特点,完全颠覆了传统手机的形象,提出了手机也是饰品的概念。因此,这一系列的手机设计体现出了"可穿戴式"的概念,核心是"可穿戴的科技"。同时这种设计概念也体现在其操作按键之上。以下就以分别代表着春、夏、秋、冬四季系列的四款机型为例来分析其中操作元件的形态语义设计。

图 5-51　iPod nano 系列产品

1.按键材料成型工艺分析

除了 Xelibri3 采用导航键和声控系统之外,其他的均采用常规标准的键盘,所有的手机都配有大大的导航键,材料为注塑件和硅胶,采用特殊表面喷涂或电镀工艺,体现出一种金属质感。Xelibri1 采用了硅胶塑料封套式的整体键盘,键盘标识采用激光雕刻和表面透光的处理工艺,具有操作手感舒适、防尘、防水的优点;而 Xelibri2 的按键设计则采用 IMD 成型方法,即薄膜注塑法,具有轻薄、结构精细、装配简易的优点;Xelibri4 的按键采用了 Plastic＋Rubber,即塑料与硅胶材料的结合成型法,可达到柔和的手感及耐磨效果。

2.按键形状布局以及传达语义分析

四款机型的按键形态设计和布局都与手机机身的外观形态相协调。Xelibri1 的键盘采用圆形的整体设计,跟显示屏和机身底面的形态相协调,数字键的分布设计采用类似于九宫图的分割方式,体现方圆结合的美学思想。Xelibri2 的按键分布也是跟机身的曲线相融合的,采用对称的点状排列,打破了传统手机的按键在显示屏底部的布局方式,体现了时尚、个性张扬的时代特征；Xelibri4 的按键设计无论是颜色还是形态布局都体现出了刚直、强硬、阳刚的气息,这些曾经一度被认为是男性手机的符号特征。

　　总之,西门子的 Xelibri 系列手机不论是机身的设计还是操作按键的设计都以时尚为主线,穿插在不同的款式当中,打造"精粹、时尚、生活"的品牌理念,充分地表现了年轻人的审美心理需求(图 5-52)。

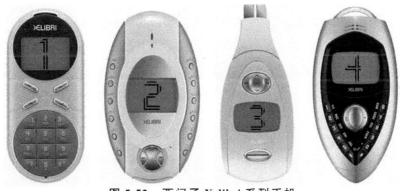

图 5-52　西门子 Xelibri 系列手机

　　工业产品的操作元件,特别是电子类产品的操作元件是产品形态设计的一大主要部分,它综合地表达产品具有的功能与情感语义。因此操作元件的人机适应性、功能传达性以及整体协调性设计原则尤为重要,也是作为判断一件产品设计成功与否的主要方面。

第三节　概念性设计形态语义传达研究

一、概念性产品与广义产品

概念性产品是关于产品总体性能、结构、形状、尺寸和系统性特征参数的描述,是根据市场需求和产品定位而对产品进行的规划和定位,是形式产品设计的依据,并用以验证和评价产品对市场需求的满足程度,以便制定企业所期望的商业目标。概念性产品是对设计目标的第一次结构化的、基本的、粗略的但却是全面的构想;它描绘了设计目标的基本方向和主要内容,它不是直接用于生产、营销、服务的终端产品。它是制造企业开拓市场、赢得竞争的工具;是根据用户要求,通过总体性能、结构、规格、尺寸、形状和技术参数等来表述可预见或可以实现的市场可竞争性、可生产性、经济性、可维护性的产品概念。

广义产品是指为了满足人们某方面的需求而设计生产的具有一定用途和形态的物质产品和非物质形态的服务的总和。所以广义的产品应包括具有功能效应和利益的实质产品;具有一定的质量、种类、款式、规格、商标和包装的形式产品;以及提供上门安装、维修保养等服务的延伸产品等三部分,如图 5-53 所示。

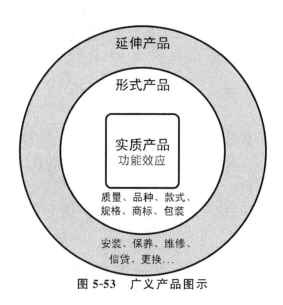

图 5-53　广义产品图示

与之相对应的狭义产品仅指具有物质功效的使用价值和交换价值的物质产品。

二、不同类型产品的语义异同

依据前面对概念型和实际型产品含义的分析，可以总结出概念型产品设计与实际型产品设计的语义异同，如表 5-1 所示：

表 5-1 概念型产品设计与实际型产品设计的语义异同

	实际型产品设计	概念型产品设计
语义载体	形状、色彩、材质	形状、色彩、材质
文化价值	实用价值为主	象征价值为主
语义功能	传达实用功能为主	传达象征功能为主
构成方式	基于现有技术并受其制约	依据现有及未来可实现技术大胆设想
语义感知性	熟悉并习惯的本体感觉	丰富并新奇的本体感觉
语义传达类型	规则依存型	概念依存型

三、概念性形态设计程序与方法

概念性设计是由分析用户需求到生成概念性产品的一系列有序的、可组织的、有目标的设计活动，它表现为一个由粗到精、由模糊到清晰、由具体到抽象的不断进化的过程。

概念性产品设计是产品设计过程中最重要、最复杂、最不确定的设计阶段，也是产品形成价值过程中最有决定意义的阶段，它是设计理论中研究的热点。它需要将市场运作、工程技术、造型艺术、设计理论等多学科的知识相互融合综合运用，从而对产品做出概念性的规划。

（一）产品概念性设计过程

一般概念性产品设计可分为四个阶段，即社会调查与需求分析阶段、概念设计过程、造型设计过程和施工设计过程（图 5-54）。

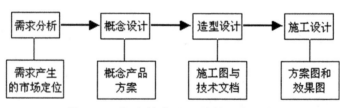

图 5-54 概念性产品设计的四个阶段

　　需求分析总是根据市场调查的信息对产品进行细分市场定位,并对概念产品提出要求,也可以把需求分析看成是概念设计的一个组成部分(图 5-55)。

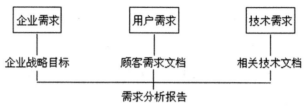

图 5-55 概念性产品设计的需求分析

(二)产品概念性设计内容

　　产品概念设计应该是在出图以前的产品全面构想。完整的产品概念设计应包括产品市场定位、产品功能定位、产品形态描述以及产品的选材、结构和工艺,甚至营销和服务的策划均可纳入产品概念性设计,其具体内容如图 5-56 所示:

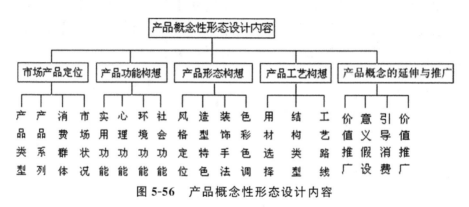

图 5-56 产品概念性形态设计内容

四、概念性设计形态语义要素

　　狭义上讲,产品的外在视觉是指产品的外形。产品的外形既是外部构造的承担者,同时又是内在功能的传达者,而所有这些都是通过材料运用一定加工工艺以特定的造型来呈现的。现代工业产品的形式在很大程度上是依靠对材料的运用和加工来表现的,造型材料是外在视觉形式表现的内容之一,同时它又有自身的特点,不同的材料有不同的材质情感,本身就具备不同的"品格"形象。不同性质的材料组成的不同结构(体现在外部造型上)产品都会呈现出不同的视觉特征,给人不同的视觉感受。从产品自身来讲,体现在外在视觉上的形态语义主要包括三方面的因素:造型语义,色彩语义,材质语义。一个产品的概念性设计其形态语义同样离不开这几方面,而且对其要求更高。

(一)造型语义

　　造型是产品概念性设计的一个重要方面,主要通过尺度、形状、比例及其相互之间的构成关系营造出一定的产品氛围,使人产生夸张、含蓄、趣味、愉悦、轻松等不同的心理情绪,使消费者产生某种心理体验,让用户产生亲切感、成就感,从而建立起一定的产品形象。一个好的概念性设计,要能够巧妙运用基本几何体所表达的语义:对称的直角几何形态显示出构造的严谨性,有利于营造庄严、宁静、典雅、明快的气氛;严谨又活泼的圆形显示和谐、大同、包容的概念,有利于营造完满、大气的气氛;曲线能创造动态造型,使人容易感受到生命的力量,有利于营造热烈、自由、亲切的气氛。自由曲线接近自然形态、具有生活气息,有利于营造朴实、自然、环保的气氛;流畅的曲线有放有收、张弛适度、柔中带刚,适合于现代设计所追求的律动及简约效果;另类的非对称形属于不完整的美,会产生神奇的效果,给人以极大的视觉冲击力和前卫艺术感,利用变异、非对称等造型手段可以营造先锋、前卫的氛围。阿根廷设计师玛赛洛·马丁南尼(Marcelo Martinelli)所设计的 Xiclet 概念自行车,其造型语言给人一种享受快速、轻便、无阻力又安稳的骑乘快感,人车一体的协调效果(图 5-57)。

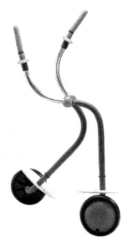

图 5-57　Xiclet 概念自行车

　　产品概念性设计造型语义还要体现出人机性能,造型要满足人—机操作的实用性要求,它突破了传统设计理论将人的因素都归入人机工程学的简单作法,突破了传统人机工程学仅对人的物理及生理机能的考虑,将设计因素深入至人的心理、精神因素。通过一定的形态可以指示使用者该产品的使用方式、操作方式,并且尽可能在人机之间构成一种生理、心理上的和谐关系。把握产品的造型语义将使产品概念设计在人机使用性能和情感人性化上树立良好的形象。

　　(二)色彩语义

　　色彩是最抽象化的语言。色彩作为情感与文化的象征,在产品概念性设计上,不仅具备审美性和装饰性,还具备象征性的符号意义。作为首要的视觉审美要素,色彩深刻地影响着人们的视觉感受和心理情绪。人类对色彩的感觉最强烈、最直接,印象也

最深刻。色彩对产品意境的形成有很重要的作用,在设计中色彩
与具体的形相结合,使产品更具生命力。产品形象的色彩语义来
自于色彩对人的视觉感受和生理刺激,以及由此而产生的丰富的
经验联想和生理联想,从而产生某种特定的心理体验。

当代美国视觉艺术心理学家布鲁墨(Carolyn Bloomer)说:
"色彩唤起各种情绪,表达感情,甚至影响我们正常的生理感受",
阿恩海姆则认为"色彩能够表现感情",因而"色彩是一般审美中
最普遍的形式",如图 5-58 为小米一款空气净化器。

图 5-58　小米空气净化器

(三)材质语义

材质语义是产品材料性能、质感和肌理的信息传递。而材料
的质感肌理是通过产品表面特征给人以视觉和触觉感受以及心
理联想、象征意义。因此,进行产品概念设计时,要认真考虑选
材,使材料尽可能的满足产品语义要求。在选择材料时要把材料
与人的情感关系远近作为重要选评尺度。质感和肌理本身也是
一种艺术形式,通过选择合适的造型材料来增加感性成分,增强
产品与人之间的亲近感,使产品与人的互动性更强。不同的质感
肌理能给人不同的心理感受,如玻璃、钢材可以表达产品的科技
气息,木材、竹材可以表达自然、古朴、人情意味等。作为一名进
行概念性设计的设计者应当熟悉不同材料的性能特征,对材质、肌
理与形态、结构等方面的关系进行深入的分析和研究,科学合理地

加以选用,以符合产品设计的需要,为树立良好的产品形象服务。

图 5-59 是获得 2006 年 IF 材料概念设计奖的名为"Touch and Play"的魔方,其创意在于将六种触感完全不同的材料(金属、木头、布、橡胶、硬塑料、石头)做成新魔方,即使是盲人也能够和常人一样体会到其中的乐趣。图 5-60 为获得 2006 年 IF 设计奖的概念性机箱设计,其创意在于在复合材料的外层采用传统的帆布,内层则采用金属网来阻断辐射,整体的骨架采用金属杆由用户随心搭建。因为帆布的特殊性,用户可以很方便地清洗,在机箱上作画来将之个性化,在不使用的状态下还可以折叠起来。

图 5-59 "Touch and Play"魔方概念设计

图 5-60 机箱概念设计

五、形态语义传达特征与方法

产品语义学是一门研究产品与人沟通能力的学科，它试图将产品形态作为产品意义传达的手段，成为产品与人之间实现沟通的语言。产品形态的设计受到很多因素的影响和制约，因此产品形态必定反映出多方面的语义特征，除了传达产品本身的功能、操作等必须的特征外，产品形态也要反映出鲜明的市场特征、时代特征、企业品牌特征以及目标消费者的社会属性特征等。概念型产品设计与实际型产品设计的目的是不同的，产品的设计对象有差别，其产品表现出的语义传达的特征与方法也不一样。

（一）时代性

概念型产品设计是一定的时代背景下的产物，具有很强的时代烙印。概念型产品的形态本身就直接传达出时代性这一语义特征，也就是说，在一定的时期，通过形态的语义传达我们就可以很直观地区别出实际型设计产品和概念型设计产品。

最典型的案例就是每年世界各大汽车公司巨资研制的概念车。概念车是时代的最新汽车科技成果，它不是即将投产的车型，仅仅是为向人们展示设计人员新颖、独特、超前的构思（图 5-61）。

图 5-61　汽车概念设计

（二）实验性

概念型产品设计是一种理念上的前导，对造型、材质、功能、使用方式等方面进行创新的探索,用新方式、新视角、新材料、新观念来创造新产品,是一种设计过程中的实验,因此在形态上反映出的语义特点也是带有实验性的。

手机从诞生至今已经数十个年头了,功能配置早已有了翻天覆地的变化,但是手机的总体造型从广义上来讲却始终逃脱不了直板、折叠、滑盖和旋转这四种定式。明基西门子公司位于德国柏林的 Product Visionaries GmbH 工作室设计的概念手机,大胆的带有实验性的形态传达着设计师卓越前卫的设计思想和未来移动通信终端的发展趋势(图 5-62)。

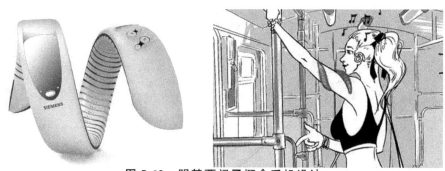

图 5-62　明基西门子概念手机设计

(三)独特性

概念型产品设计是设计师站在个性化消费者的立场将产品不同感官的表面、不同构造、优化构造、实现新构造的新方法等都考虑其中。比起实际型产品设计,概念型产品设计往往可以冲破种种条条框框,可以表现出设计师大胆的设想,是设计师个性的张扬表现。

同样是明基西门子的概念手机设计,在形态上差别迥异。可以是头戴耳机式的设计;也可以是圆球状,展开像 Star Craft 里甲壳虫一般的变身;抑或是犹如另类的雕塑作品,有着非常诡异的旋转屏幕设计和不规则的键盘。这些非同寻常的造型无不传达着独特、新奇的语义特征(图 5-63)。

图 5-63　明基西门子概念手机设计

（四）跨越性

概念型产品设计是突破常规模式的一次探索，一次飞跃，需要从产品的本质、内涵、外延功能进行扩展，需要对社会的变迁、自然环境的改变，人们需求的变化动向等多方面进行考虑。这就要求设计师应该是一个挑战者和立足于现实的探索者，打破一般的思维定式。多方面、多角度考虑问题，既要提出新奇的问题和设想，又要解决现实的需求。

由众多设计师倾力设计的这款"Paper Says"即时通讯手机，充分解决了人们在境外的通讯问题，它不用再担心要在国外办卡，也不用再担心因漫游而联系不上家人朋友，而且它操作简单、方便、并可以循环使用，考虑到了环境保护的因素（图 5-64）。

（五）方向性

概念型产品设计是能引导消费，引导潮流，具有前瞻性的设计。它在当时不一定能批量投入市场，甚至不一定会投入市场，但它有自身存在的意义。概念型产品设计是设计师对未来生活进行想象，为人们提供一个新的、更适合、更合理的使用方式，甚至是一种全新的生活理念。

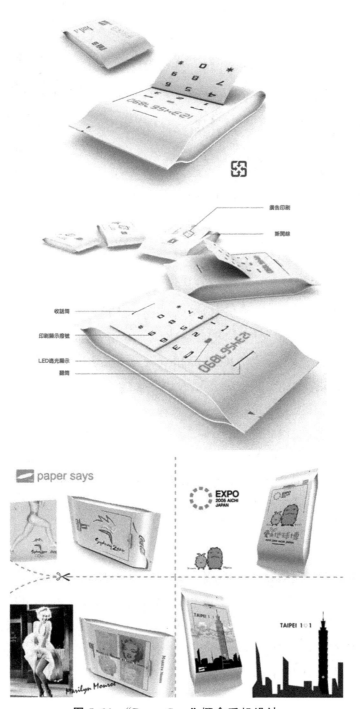

图 5-64 "Paper Says" 概念手机设计

伊莱克斯"2020年家的构想"国际设计大赛的银奖作品,是一个洗衣机的概念设计。主要的设计理念就是通过洗衣机桶盖产生出类似太阳光,对洗干净的衣物进一步地杀菌消毒,并使衣物带有一种仿佛在阳光下晾晒过的味道(图5-65)。

图5-65　"阳光的味道"概念洗衣机设计

概念型产品设计传达出的方向性语义,表现出对一种全新的生活习惯和生产方式的追求,并引导人们更好地生活。

(六)合理性

在进行概念型产品设计的时候,我们应当注意形态语义的表达并不是设计师用来体现自己与众不同的标榜,失败的概念设计就是一种缺乏"意义"的臆想。我们需要一条一条地问自己:这个设计进步了吗?进步在哪里?解决了什么现在不能解决的问题?是不是更加地展现出"人文关怀"?是否证明了社会的进步?在环境、资源利用上是否优化,还是更加的浪费?是否符合自然规律?

我们应该立足于现实所掌握的技术,或者未来几年可能掌握的技术,结合对未来需求的判断而做出产品构想。其目的在于展示自身的实力与活力,并收集社会各界对该概念的反映,以便为将来的实际产品指引方向。

　　伊莱克斯"2020年家的构想"国际设计大赛金奖作品是一个利用负离子、除菌除臭剂和高压空气作用的概念洗衣设备。简洁的形态不仅表现出高科技感,也有充分的可实现性。设计师也将所用技术做了标注,进一步表明了它的合理性(图5-66)。

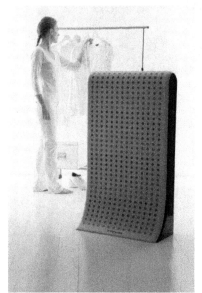

1. Air inlet
2. Stainless steel cladding
3. Electrostatic ionising filter
4. Intelligent air-jets
5. Clothing stand (w) suction
6. Automated swing-out door
7. Touch-sensitive interface
8. Translucent polymer panel
9. HEPA filter
10. Air outlet

图 5-66　概念洗衣机设计

第四节　视觉界面识别符号化系统的应用

一、界面识别设计中的概念与原则

　　在人和产品或者说机器的互动过程(Human Machine Interaction)中有一个层面,即我们所说的界面(Interface)。从心理学意义来分,界面可分为感觉(视觉、触觉、听觉等)和情感两个层次。用户界面设计是工业产品设计的重要组成部分,用户界面中的识别系统设计是一个复杂的有不同学科参与的系统工程,认知心理学、设计学、文字语言学，符号学，色彩学等在此都扮演着重要的角色。

　　用户界面中的识别设计所具有的三大原则是：置界面于用户的控制之下；减少用户的记忆负担；保持界面的一致性。而人机交互界面识别设计的原则又是处于这三个大原则之下的。如图5-67所示是苹果公司推出的 iPhone 手机，其界面设计堪称界面识别设计的典范。

图 5-67　　iPhone 手机的界面

　　人机交互界面图形设计主要包括色彩、字体、产品界面等。图形设计要使得用户能够顺利使用，并实现愉悦使用的目的。其设计的具体原则如下：

　　（1）界面清晰明了。在某些信息类产品操作平台上，允许用户按照自己的习惯定制系统菜单。

　　（2）减少短期记忆的负担。增加对界面功能的认知效率。

　　（3）依赖认知而非记忆。如形象化图标的记忆。

　　（4）提供视觉线索。充分运用符号化的视觉刺激。

　　（5）在一些产品上提供界面的快捷方式，使用户迅速熟悉产品主要功能。

（6）尽量使用真实世界的比喻。如电话、打印机的图标设计，应该尊重用户以往的使用经验。

（7）完善符号的清晰度。要求符号条理清晰，图片、文字布局和隐喻不要让用户去猜。

（8）界面风格协调一致。如手机界面按钮排放，左键肯定，右键否定，或按内容摆放。

（9）同样功能用同样的图形。

（10）色彩与内容。一般情况下产品的色彩不宜太多，近似的颜色应当表示近似的意思；要注意对强调、警示、提示等隐喻表达的原则。

图形界面中的识别设计的内容可以包括在如下几点中：

（1）产品操作界面对话中的识别形态设计。

（2）产品中文字数据输入界面的识别语言设计。

（3）产品界面色彩图标识别语义设计。

二、界面对话中的识别设计与传达

对话中识别形态设计的目的是使产品让用户能简单使用。任何产品功能的实现都是通过人和机器的对话来完成的，该对话以任务顺序为基础。因此，人的因素应作为设计的核心被体现出来。该识别设计的原则如下：

（1）形态和色彩能清楚地提示错误。

（2）图形能够指示状态。

（3）导航功能。随时转移功能，很容易从一个功能跳到另外一个功能。

（4）提供快速反馈。给用户心理上的暗示，避免用户焦急。

（5）方便退出。如手机的退出，是按一个键完全退出还是一层一层的退出，提供两种可能性。

（6）让用户知道自己当前的位置，使其做出下一步行动的决定。

在该处设计中应尽可能考虑上述准则，无论是物质产品还是非物质产品,都已经有一些形成共识的标准格式可供选用。另外,对识别形态设计中的冲突因素应进行折中处理。如图 5-68 所示为微软 Vista 操作系统的界面。

图 5-68　微软 Vista 操作系统界面

(一)文字数据输入界面的识别语言设计

产品中文字数据输入界面往往占用户的大部分使用时间,也是具有计算机系统的产品最易出错的部分之一。因而该处识别语言设计的总目标就是:协助输入界面,简化用户的工作,并尽可能降低输入出错率。

遵循的具体原则有:

(1)尽可能减轻用户记忆,采用列表选择。

(2)使输入界面中的图形具有动态的预见性和形态一致性。用户应能借助识别语言设计,控制数据输入顺序并明确操作,采用与产品系统环境(如 Windows 操作系统)风格一致的输入界面。

(3)防止用户出错。例如在文字数据输入界面中,可采取"确认输入"的符号,明确的"移动"符号,明确的"取消"符号等警示操作。对删除必须再一次确认,对致命错误,要提示"警告"并"退出"。对不太可信的数据输入,要提供建议信息,处理不必停止。

(4)提供反馈。要使用户能查看他们输入的内容,并提示有效的输入回答或数值范围。

(5)使用用户的语言,而非技术的语言。界面中要使用能反应用户本身的语言,而不是设计者的语言;要选择主动式语言而非被动式。

(二)产品界面色彩图标识别语义设计

产品界面色彩图标识别语义设计主要包括布局(Layout)、文字用语(Message)及颜色(Color)等,下面针对其进行具体说明。

1.图标布局

界面布局因功能不同考虑的侧重点不同,各功能区要重点突出,功能明显。无论哪一种功能设计,其界面布局的图标设计都应遵循如下五项原则:

①平衡原则。注意界面上下左右平衡,不要堆积设计元素和功能信息,过分拥挤会产生视觉疲劳和识别错误。

②预期原则。界面上所有对象,如窗口、按钮、菜单等处理应一致化,使对象的动作可预期。

③经济原则。即在提供足够的信息量的同时还要注意简明,清晰。特别是非物质产品,要运用好平台选择原则。

④顺序原则。最重要或最常用的功能应该以最明显的图标和色彩凸显出来,次要功能,某些警示性的功能则依照具体情况做特殊处理,可大可小,可明显可隐讳。

⑤规则化原则。画面应对称,显示命令、对话及提示行在一个应用系统的设计中应尽量统一规范。

2.文字与用语

对文字与用语设计格式和内容应注意如下:

①在界面中要注意用语简洁性。在一般产品上应避免使用专业术语;尽量用肯定句而不要用否定句;用主动语态而不用被动语态;用礼貌而不过分的强调语句进行文字会话;对不同的用户,实施心理学原则使用用语;英文词语尽量避免缩写;在按钮,功能键等标示中应尽量使用描述操作的动词;在文字较长时,可用压缩法减少字符数或采用一些编码方法。

②格式。在界面设计中,一幅画面不应文字太多,若必须有较多文字时,尽量使用不同形态或者不同色彩分块分区,在关键词处进行加粗、变字体等处理,但同行文字尽量字形统一。英文词除标语外,尽量采用小写和易认的字体。

③信息内容。信息内容显示不仅要采用简洁、清楚的表达,还应采用用户熟悉的简单句子,当内容较多时,应以空白分段或以小窗口分块,以便记忆和理解。重要字段可用粗体和闪烁吸引注意力和强化效果,强化效果有多样,应针对实际进行选择。

3.颜色的使用

颜色的调配对产品界面也是一项重要的设计,颜色除了是一

种有效的强化技术外,还具有美学价值。使用颜色时应注意如下几点:

①限制同时显示的颜色数。一般同一个界面不宜超过 4 或 5 种,可用不同层次及形状来配合颜色,增加变化。

②产品中活动对象颜色应鲜明,而非活动对象应暗淡。对象颜色应尽量不同,前景色宜鲜艳一些,背景则应暗淡。

③尽量避免不兼容的颜色放在一起,如黄与蓝,红与绿等,除非作对比强调等特殊效果时用。

④若用颜色表示某种信息或对象属性,要使用户懂得这种表示,且尽量用常规准则表示。

总之,产品界面色彩图标识别语义设计最终应达到令人愉悦的显示效果,要指导用户注意到最重要的信息,但又不包含过多的相互矛盾的刺激,喧宾夺主。

在详细叙述了人机交互界面中的图形设计的内容之后,接下来将探讨图形设计的方法。

三、传达的具体方法与应用途径

(一)传达立体知觉表情

体现材质感——金属、玻璃、塑料、木材、石材、纤维、纸张、陶瓷、石膏、泥土等。

体现单体——几何体、圆柱体、圆锥体、立方体、球体、长方体、梯形体、方锥体等。

构造体——排列、垒积、积聚、框架、线织、折叠、充气、透明、层叠等。

体现体量——大小、轻重、刚柔、软硬、粗细、松紧、聚散、巧拙等。

(二)传达运动知觉表情

产生方向感——向上、向下、向左、向右、向心、发射、弯曲、折线、倾斜、螺旋等。

产生速度感——快速、慢速、流畅、冲击、缓慢、静止等。

产生动力感——强力、弱小、弱势、强势、连续、爆发等。

传达运动形式——升腾、飘扬、摇摆、流淌、旋转、滚动、融化、滑动、扭动、跳跃等。

（三）传达生命知觉表情

体现不断生长——孕育、分裂、生长、衰败、死亡、成熟、凋谢、枯萎等。

体现不可侵犯性——反抗、弹性、不屈、僵直、强壮、硬朗、挤压、扭曲等。

体现生命节奏——舒展、松弛、滞涩、蠕动、稠密、旺盛、疏密、缠绕、扩张、旋动等。

（四）传达知觉表情

体现形式表情——统一、对比、比例、尺度、平衡、均衡、节奏等。

体现残败表情——破碎、伤痕、裂纹、残缺、腐蚀、解构等。

体现光色表情——明朗、阴暗、显明、模糊、清晰、混沌、亮丽、朦胧等。

在不同的产品的人机交互界面中，综合运用各种图形设计的方法，将这些设计元素科学而带创造性的组织起来，形成产品图形设计和功能传达的统一。

四、典型案例分析

（一）产品操作界面对话中的识别形态设计

在图 5-69 所示产品中，其紫色圆角外框是反映产品运行状态的指示灯，这一图形设计体现了反馈原则，简洁直观，与公司

LOGO 一起形成了和谐的产品造型。而在图 5-70 的产品中,饮水机的使用界面设计与产品的功能完美的结合起来了,流线型的面板,联想到流动性的水,灰色和白色的创造性使用,在整体和细节的图形设计上都恰到好处。

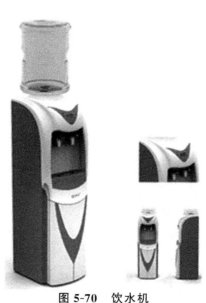

图 5-69　电子产品

图 5-70　饮水机

（二）产品中文字数据输入界面的识别语言设计

图 5-71 这个小闹钟的设计在颜色和材料的搭配使用上独树一帜,在文字数据输入界面上的设计也显得很有特色而且美观人性。环形大按键和显示则提高了识别性,也和整体造型风格互相吻合。图 5-72 的多功能 CD 唱机设计则充分体现了优秀的产品数据输入界面的图形设计。三大块颜色分别区分了操控、显示和放音的不同模块,而按键的错落分布设计和大小变化设计则充分考虑了各控制功能的使用频率,减少了用户的记忆负担和可能因此引起的误操作几率。

（三）产品界面色彩图标识别语义设计

图 5-73 为创新 ZEN VISION:M 微硬盘音乐播放器,它的功

能布局清晰,而主要功能在屏幕下面分四角来体现,屏幕中的文字显示简洁而准确,传达给用户最主要的使用信息,屏幕及其软件菜单颜色和产品本身颜色相统一而富有变化,产品背面的涟漪纹路设计则体现了对产品细节的注重,表现音乐的一种韵律之美,可以说产品整体简约而不单调。整个产品的图形设计体现了音乐本质的纯净和内涵的丰富变化,告诉使用者这是一款纯粹和值得期待的高品质音乐播放器。

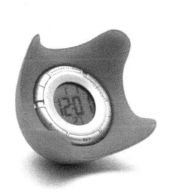

图 5-71　闹钟

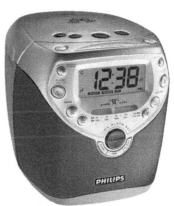

图 5-72　多功能 CD 唱机

图 5-73　创新 ZEN VISION:M 微硬盘音乐播放器

目前研究的用户界面中的识别设计系统有三个层次:图形处理(最低级层次),图形识别(较高级层次),图形感知(最高层次)。所谓图形处理,主要是对图形进行各种加工以改善视觉效果,就是把输入图形转换成具有所希望特性的另一幅图形的过程,是一个从图形(输入)到图形(输出)的过程。所谓图形识别,主要是对图形中感兴趣的目标进行检测和测量,以获得它们的客观信息从而建立对图像的描述,本质上是一个从图形到数据的过程。所谓图形感知,重点是在对图形识别的基础上,进一步研究图形中各个目标的性质和它们的相互关系,并得出对图形内容含义的理解以及对原来客观场景的解释,从而指导规划行动。图形感知,输入的是一幅图形,输出的则是对该图形的解释。

因此,优秀的人机交互界面图形设计可以认为是通过图形准确地传达给用户产品功能所包含的具体意义和设计美感。

第五节　形态语义与传达系统描述及典型案例介绍

前文已论述了产品形态语义在设计中的形成、发展及应用,本节将为产品形态语义做系统性的描述,并且通过一系列典型的产品设计案例进行论证。

一、形态语义学与传达系统框架的建立

"形态语义学"是以语言符号的认知观来研究形态语言含义的理论学科,研究形态语言的本质、意义及表达。既然形态本身就是一系列视觉符号的传达,因此,按照符号学的研究方法,形态语义也同样具有意指、表现与传达等综合系统的功能。

(一)意指功能

近代语言学和符号学自索绪尔始起,他认为:语言符号是一

种两面的心理实体,由能指和所指构成(图 5-74)。其中,"能指"指的是一种纯粹的相关物,与所指的区别在于它是一个中介体,物质于它是必须的;而"所指"在语言学中,是能指的心理再现,是符号的使用者通过符号所指对象(图 5-75)。

从功能性上看,能指和所指是符号的两个相关物,而"意指"可理解为一个过程,是将能指与所指结成一体的行为,该行为的产物也即是符号。因此,产品的行为学通过"意指"的作用所建构的就是附着于形态之上所再现的心理所指,这个被再现了的心理,正是设计者针对收讯者的编码过程。

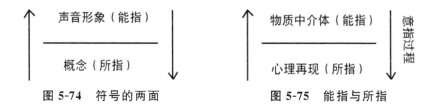

图 5-74　符号的两面　　　　图 5-75　能指与所指

(二)表现功能

意指作用实现之后,自然上升到了设计者对于形态的表现功能。这一表现功能再现了形态创造者对于形态基本意义之外的主观情绪,是形态具有的意指作用之外的意义,和设计者的创作思路、背景,甚至是想要传达给受众的某种目的相关,但是这一层意义的赋予是在意指的层面之下的第二层含义。

(三)传达功能

形态的传达功能是基于意指及表现功能而实现的,按字面意思理解,即是发出和接收的过程,在形态语义中,可以解释为:设计者将设计思想通过编码、组织于形态之上,传递到收讯者一方的过程。由此可以看出,设计物意指的作用以及设计者的表现目的都被固定于形态之上了,再传达给受众,完成从编码到解码的过程,形成一个形态传达语义的循环开放式闭环(图 5-76)。

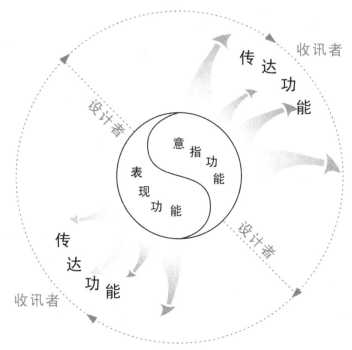

图 5-76　设计符号的形态语义传达示意图

二、产品形态语义与传达应用方法描述

产品形态语义学是"形态语义学"的一个分支,因此按照形态语义的表示法则,产品的形态设计的实质就是对各种造型符号进行编码,综合其形态、色彩、肌理等视觉要素,诠释产品的特征,表达产品的功能。产品造型符号具有一般符号的基本性质,可以激发使用者产生与以往的生活经验相关联的某种联想,进而帮助其理解和使用产品。

根据莫理斯的符号学体系,产品符号学可以分为:产品语义、语构及语境三大组织结构。而产品语义学既包括代表产品意义的产品语义,也包含产品构成的材料以及其涉及的使用环境研究。

若按罗兰·巴特的表义法则以及最早体现符号理论的建筑

学符号理论,产品具有相应的外延意与内涵意,具体来讲:

(1)外延意——产品的物理特征,以形态元素体现其机能提示以及操作方式,如:手持、背挎、显示、按钮、喇叭,等等。比方说一款手机,当使用者拿起所看到的方方面面,都是为了能更好的理解产品语义而设计的,不管是屏幕、还是每个按键、接口,都在通过它们的形状、材料、颜色来诠释自己的含义,以提示和传达给使用者具体的操作方法。

(2)内涵意——具有非常的不确定性含义,产品是作为人工物呈现在人们面前的,根据西蒙教授的理论,人工物是一层界面,连接了内外环境。这种关系的形成,其中的内环境也即使用者面对产品的内心感受,因为不同的个体对于物质的理解各不相同,因此,产品的内涵意也不是固定不变的。

外延意是较容易把握的,关键的是不同的使用者对于产品所要传达的内涵意的理解,这才是今天的设计者所要解决的。我们的市场已经不再空缺,产品的门类也相当齐全,如何能够吸引使用者的眼光并不具有一成不变的规律。使用者的多类型背景决定了产品的内涵意的不易把握,但凡是成功的产品必定是将产品的外延意与内涵意结合的完美的产物,也只有将内涵意最恰当的融入外延的背景之后,才能真正将产品从单纯的形态外观介入到深刻的文化内涵之中,产品也才真正地"深入人心"。

产品语义学在应用过程中需要考虑的要素很多,以下试总结几条较为重要的:

(1)产品形态语言的易读性。

(2)产品内涵意中的人文价值的体现和深入。

(3)以使用者为案例的关于行为心理的分析,并将其体现在产品的外延意中。

(4)传达过程中的内涵意的显性存在方式。

(5)形态外延意的信息量的传达要多于基本信息,以免造成信息损耗后无法辨别。

(6)产品的外延意的时代性。

产品形态语义学的研究及分析方法是 20 世纪 80 年代之后为了更好地解决产品造型而产生的。正如王受之在其《世界现代设计史》第一章中便写道:"堪萨斯大学教授维克多·巴巴纳克认为:设计首先应该是有'意义的',他还指出了设计的使用因素包括:(1)作为工具使用;(2)作为沟通联系使用;(3)作为象征来使用。"从此段话中,我们可以看到,产品设计在满足基础的工具使用功能之外,能给予使用者心灵的对话层次,以及产品在使用者心中留下更深刻的意义,这层层的作用是逐渐深入的,从外延意到内涵意的最优化结合才是优秀的产品设计所要达到的境界。

产品语义学的意义在于指导设计者了解使用者从接触到使用一件陌生产品的过程,进而设计更符合人的需要的产品,正如弗里德兰德(Friediaender)所讲:人们理解产品内涵的第一反映来源于人们所掌握的知识,包括社会的和文化的影响;第二反映是感性的,人们依据过去的预想和预先的经验来解读它的含义。按照使用者对于产品的理解可大致划分为四个阶段:

产品辨明——使用者通过相应的视觉线索来辨别产品类型。

自我验证——使用者实际操作产品,以不同程度的信息反馈来掌握产品的操作。

发现规律——通过操作尝试,发现产品的使用规律。

解读含义——使用者依据使用情况、自身的审美以及文化特征,产生与其他产品的对比,以此形成对该产品的认识。

由此,我们可以得出,使用者接受新产品的过程是"由表及里"的,也即是由外延意到内涵意,这就可以指导设计者在进行设计的时候层层把握使用者的心理诉求,力求最大限度地实现其对产品的接纳。

三、典型案例分析与拓展应用总结综述

产品语义学旨在通过产品的形态来传达语意,让使用者理

解,这是什么产品,它是如何工作的,以及如何使用,等等。之所以引用语言学的概念说明形态语言这一特殊符号系统,就是因为形态和文字语言都有"传情达意"的作用,是传递信息感情的媒介,随着全球一体化的加速,对于"人—机"的对话环境的要求会越来越高,以下试图通过一些优秀的产品设计的例子来说明产品形态语义的价值所在。

(一)信息内涵

既然附着于产品之上的是信息的传达,则必然有一个从接收到接受的过程,亦即使用户从接触、辨识产品的外延意开始,到感受设计者欲传达的内涵意,但这个过程的结果往往因为收讯者的个人背景(如阶级背景、社会背景、教育背景、审美心理等)的不同而各有不同(图 5-77)。

(二)审美情趣

科技的进步在此只是提供生活上更好的服务。设计师不强调如何去改变人,只强调科技如何让所有的人生活得更愉悦。国际品牌荷兰飞利浦自 1985 年正式进入中国内地市场以来,成功地打响了品牌知名度,"让我们做得更好"这句形象广告语已深入人心。下面是两款飞利浦的家用电话,它们分别从不同的受众心理着手分析家用电话机的形态语义,从外延的怡人性到内涵的品牌追求,建立了受众对其产品的信任。

图 5-78 中的飞利浦电话机造型是基于传统造型的改良型设计,其故意放大了的听筒,明示给使用者"听"的功能,另外电话机背部的造型采用弧面的设计,提示使用者便于抓握,不管是听筒还是机身都采用了柔美的弧线,给人亲近感,呼应了飞利浦的人性设计特点,除此之外,色彩的选择更加柔和,高级黄灰和紫灰的搭配,显示其适宜的居家风格。

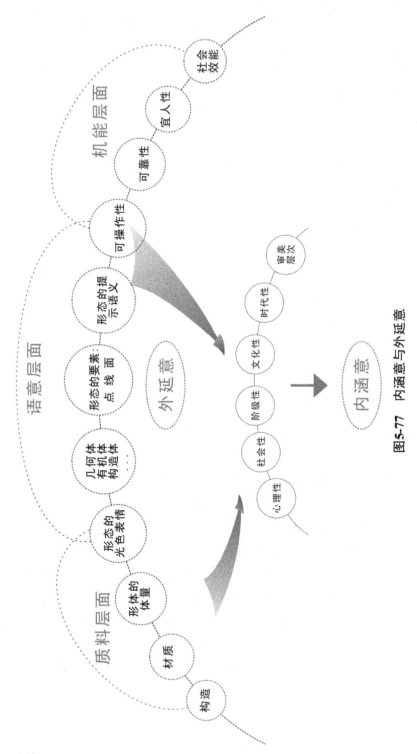

图5-77　内涵意与外延意

虽然同样是电话机,但图 5-79 是飞利浦消费者联络部着手开发的一款概念性的设计"On-Line",它尝试着去开创一个全新的家用电话产品,从装饰到细节、材料、色调到制作工艺等每一个部分的设计都尽可能的简洁明确,造型浑圆大方,简单的圆形和毫不起眼的细节给人一种家的轻松感受。家用产品通过光洁的质感和淡雅的颜色,配以橡胶听筒和金属按钮,与家居的氛围紧紧地融合在一起。

图 5-78　飞利浦电话机

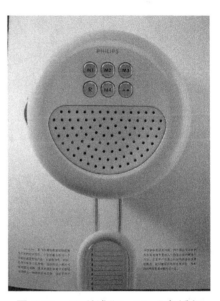

图 5-79　飞利浦"On-Line"电话机

　　另外一个典型的利用情趣审美的形态语义的例子是瑞士SWATCH 手表(图 5-80),它时尚、个性,以其缤纷鲜艳的颜色和材质吸引了众多的消费者趋之若鹜,糖果一样的颜色给受众传达无限怀旧的俏皮情绪,并且以将其拥有作为享受;其次,常变常新的设计风格也使得消费者并不局限于一种固定的风格,时而活泼、时而运动、时而小资,带给消费者一种可以满足其所有场合需要的愿望。

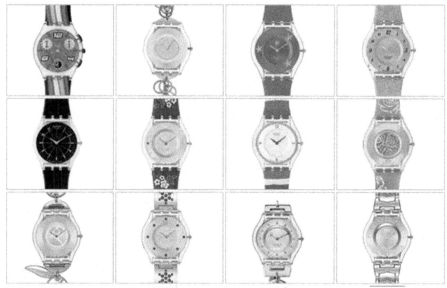

图 5-80　SWATCH 手表

（三）情感诉求

当今的世界越来越一体化,面对纷繁的物质世界,我们不得不承认科学与艺术之间的结合将更加紧密,人们对于产品的需求也上升到一个更广泛的精神层面。当面对着一堆相像的产品,收讯者已经麻木了挑选的主意,在此时最重要的便是设计师将要传达给受众的产品形态情感。

为了真实诉求于收讯者情感的因素,设计师将可能用到比喻(图 5-81 将衣架比喻为"树枝")、联想(图 5-82 PHILIPS 棒形搅拌器)、拟人、仿生等形式以及丰富协调的色彩和适当的材质。

仿生的设计也是近年来很流行的一种设计方法,而用在形态语义学上,就是对自然界形与态的"再现"及发挥,使得受众群体产生回归自然的亲切感。如图 5-83 是获得 2000 年 IDEA 消费类产品银奖的由美国 ECCO 公司设计的 Orca 迷你订书机,仿生的造型设计,模拟海豚的流线造型及可爱的形态语义,在同普通的订书机一样达到最初的使用功能之前,便以一种愉悦的外延意出现,并且弧面的设计也会带给收讯者愉快的使用体验。

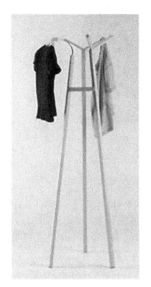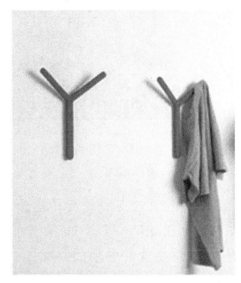

图 5-81 将衣架喻为"树枝"

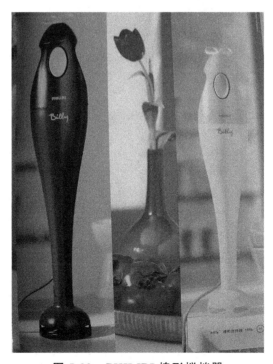

图 5-82 PHILIPS 棒形搅拌器

图 5-83　Orca 迷你订书

（四）功能语义传达

设计者设计产品首先要传达给使用者的是：这是什么，以及如何使用。因此第一步，产品的形态带给使用者的必须是明确的信息，不能产生含混模糊的语义；其次才是告诉使用者产品该如何使用，即：视觉界面、操作控件以及功能结构（抓握、操作按键、喇叭等）的提示。

如图 5-84 所示为 SHARP 的可旋屏液晶显示器，背部的结构提示给收讯者"旋"的功能结构。虽然形态上，旋转机构暴露在外，但是通过其易识的外延意，用户便可轻松地识别该显示器的使用特性，这也正是达到了产品所要传达的语义。

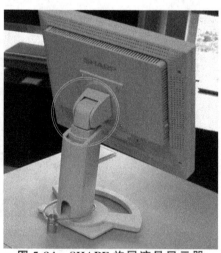

图 5-84　SHAPE 旋屏液晶显示器

图 5-85 则是功能性语义的提示，设计师巧妙地将音孔安放在产品的倾斜面上，既不显出产品的厚度，又利用了空间，同时以斜孔的设计提示收讯者此处的功能，显示了该产品的科技感，合理且巧妙。

图 5-85　功能性语义的表达

明基电通是近年来从台湾走向世界舞台的企业，其产品更是以出色的设计赢得了世界的承认和赞赏。图 5-86 是明基的一款 MP3 设计，我们从它上面甚至可以感受到活泼的青年人风格，鲜亮的色彩，活泼的设计元素，以及为挂绳设计的金属弧起，提示了功能的语义，整体造型协调，风格统一，给人的生活平添了几许生动。而图 5-87 中的凹陷的部分则是为了提示操作的功能性语义。

图 5-86　明基 MP3

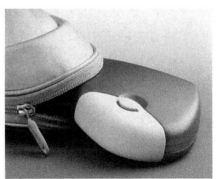

图 5-87　提示操作的功能性语义表达

　　设计者的角色就是创造事物的形象,以使其符合所要表达的内容,这其中可以通过多种方式将产品的功能"告诉"收讯者,例如图 5-88 夸张的喇叭,示意的同时不乏幽默的设计风格,这也是在实现产品形态语义实践中的功能性尝试。

图 5-88　音响产品

　　以下是一系列视觉界面以及操作控件的设计,从中我们可以感受到多元的表现风格及产品语义在功能性提示中的微妙作用。

　　提示人手抓握的功能性形态语义,如图 5-89 所示的钓鱼竿设计,浑圆有力的握杆给使用者以稳定可靠的操作暗示,也正符合了钓鱼人的心理。图 5-90 则表示夸张的功能提示语义——把手。图 5-91 所示的 iPod 圆形操作区提示旋转触摸方式,配合显示部分的音量大小,做到形态语义与产品功能的完美统一。图 5-92 所示的天鹅圆珠笔的旋头螺纹设计提示旋开的动作。图 5-93 是瑞士 BAHCO 公司生产的锯子,由形态便可以给收讯者以可靠的效能提示,把手的橡胶材质给人以舒适感,且设计师巧妙地将其设计为曲线的形态,更加增加了对使用者的使用提示。

图 5-94 至图 5-99 是一系列视觉界面及操作元件的设计。

图 5-89 钓鱼竿设计

图 5-90 水壶的把手

图 5-91 iPod 面板

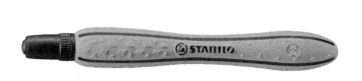

图 5-92 天鹅圆珠笔

图 5-93　BAHCO 公司锯子设计

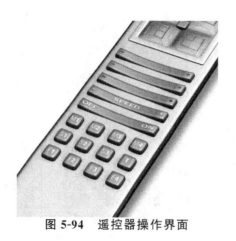

图 5-94　遥控器操作界面　　　图 5-95　明基 MP3 播放器

（五）形态的概念语义延伸

当产品给收讯者的语义传达从外延到内涵的提升之后，其实已经完成了产品在使用者心中的意义延伸。这一点在第五章第五小节"产品形态语义与传达应用方法描述"中已有论述，此节不再赘述，试举一、二例成功的语义延伸的产品设计的例子。

1.苹果公司的 iMac

1998 年，苹果全新的 iMac 出现在人们眼前，不仅集成了多种更强大的功能，满足了各种需求，最重要的是其革命性的外观，这在以往的市场上是不曾看到的，就像一件工艺品，那一体化的整机好似半透明的玻璃鱼，设计师深知编码的规律，成功的运用了"产品语义学"的设计规律，告诉人们，高科技产品不该是冷漠和令人生畏的，而应该是更亲切的、易操作的、对人性充满关爱的。

也许就是从 iMac 开始，苹果开始了它的设计之旅。IMac 已将设计触角伸向了人的心灵深处，通过富有隐喻色彩和审美情调的设计为产品赋予了更多的意义，正是充分利用了"产品语义学"的这一里程碑式的概念，奠定了苹果在消费者心目中的设计地位，而苹果也是一路走来不断地探求着人类的最深刻需求。

2.Nokia 手机设计

Nokia 的成功我们有目共睹，正如 Nokia 芬兰总部的设计总监 Eero miettinen 所言：Nokia 所有成功的背后都源于设计力。通过坚持不懈的实践顾客第一的信念，Nokia 一直保持着创造力的挑战，一种基于雄心和成就的文化，积极鼓励创新的思想变为现实。

Nokia 通过先锋的技术和以人为本的设计策略，更重要的是充分挖掘使用者的需求，创造了永恒经典的设计，纵览 Nokia 的手机设计，我们处处可以读出"产品语义学"的应用，使美学与人机工程学结合在一起，充分发挥形状、色彩、材质的魅力（图5-96），展现和谐、平衡之美。正因如此，Nokia 带给消费者的感受已经由外延的优雅上升至对人性关怀的内涵意义，完成了对消费者致命的吸引。或许这才是产品形态语义真正能达到的概念延伸，消费者看到的将不仅仅是一个旋屏、一个镜面或者手机上的一处纹样，他们是在感受着 Nokia 带给他们的愉悦的心理体验，这就上升至一个内涵扩展的层面上，也才是做到了"产品形态语义学"之最内核的意义。

在 Nokia，设计师花费大量时间倾听顾客想要什么，并一直保持风格和功能的统一。在 Nokia 的设计中我们可以体验出，他们是将形态语言与功能结合地最到位的成功产品生产商之一，不仅如此，以用户为前提的设计宗旨使得他们将用户界面看作产品的灵魂，直觉的逻辑菜单结构、易读的符号、艺术的形态以及趣味性的动画(图 5-97)对友好的界面印象的形成都是非常有必要的，也充分显示了这个移动终端的生命和个性。从"人"的考虑出发，最终到为人所赏、所用、所识，这才是一个生命力强大的产品综合系统，而这一系列成功的架构与形态语言的描述是分不开，因此，如何将企业灵魂充分隐含于出色的形态之下是设计者要深入研究的课题。

图 5-96　Nokia 倾慕系列手机

图 5-97　Nokia 手机菜单界面

　　时代推着世界向前发展,信息渠道的畅通无阻给人们生活带来无限便利的同时,也加快了工作和生活的节奏,人们的内心充满了对技术的恐惧感,所以人们呼唤更加亲切的高科技产品来美化我们的生活,增添情趣。正因如此,"产品形态语义学"在这一数字化的时代正欲大行其道,赋予高科技产品以宜人的外观和人性化的友好界面将比以往任何时候都显得重要。信息化社会的设计将从有形的设计向无形的设计转变;从纯粹物的设计向非物的设计转变;从使用的设计向服务的设计转变……如果说,数字化为当今人类社会生活的发展带来了崭新的生存意义,那么,人性化的设计则是对这种生存意义的物化诠释。因此对于形态语言含义研究的任务迫切地摆在设计师面前,也只有更好地掌握其规律,将其融入更广大的物的设计范畴内,才是真正实现了人性化社会的要义。

第六章　形态设计语义与传达的
品牌文化传播应用

产品、视觉符号本身就是一种传播媒介,利用自身的载体资源进行传播,品牌的核心识别要素也更加凸显。在人类行为中,视觉行为是一个主要沟通认知渠道,其次是听觉和触觉等感官,因而要达到提升品牌知名度的目的,品牌的视觉开发和维护必不可少。另外,随着人们消费观念的转变,在形态设计上,还需基于用户为中心进行考量。

第一节　全球化视野下的多元文化体现

形态之所以能传达意义,是因为形态本身是一个符号系统,具有意指、表现与传达等类语言功能的综合系统。而这些类语言功能的产生,是出于人的感知力。以下便是以感知的观点来说明形态是如何传达意义的。

经验主义的观点,认为人之所以能感知事物,是因为人具有学习能力,人的眼睛之所以能辨别方位,是由于人们触摸物体的经验。因为人类对空间或形态上的感知本身就是学习的结果。甚至可以认为,感知是基于过去曾经有过的经验。

天性论的观点,则是以人的先天结构和功能来解释的。天性论者认为:灰色处于纯白色的环境中时看起来比实际上要深。这是因为人的视网膜邻近区域之间交互作用的结果,而经验论者则认为这是视错觉造成的结果。再如,对色彩不变性的解释,天性论者认为:我们之所以能够准确判断同一色彩在不同照度下其实际色彩并没有发生变化,是因为我们的瞳孔会自动调节放大或缩小,而控制光通量。经验主义者则认为:这只是经验学习的结果。

另有一派,取两者之精华,提出以功能的角度看感知理论,认为环境中存在许多物质,这些物质会有许多特性,诸如:材质、色彩等。它们虽不会移动,但能造成认识上的改变。这一观点被人们广为使用。感知的最后阶段并不是将看到的东西拿来与记忆在人脑内的东西相比较,而是引导人类对环境的探究。即感知是一种"指引行为"。例如:当你步行劳累时,所看到的任何一个平坦的石头都具有椅子的功能;倘若你需要写字时,它又可以成为桌子。这便是指引行为——感知的作用。

无论哪一种说法正确与否,人的感知能力是客观存在的。人总是会对某些形态做出相应的反应。如,对于各种不同形状的按钮或旋钮,人都能相应地做出反应,即便是 3 岁的孩子,也可本能地根据旋钮的形状做出按、拨、旋等正确的动作。否则,就是旋钮的形态设计不合理,导致判断上的差错。

作为功能的载体,产品是通过形态来实现的,而对功能的诠释也是由"形"来完成的。我们研究形态的意义,绝不是要停留在"物"的层面上,仅仅用"形"的语言传达一些信息。这种传达是单向的。通常所说的造型设计就很容易地被理解成这样的概念。如果我们把视点置于"事"的层面上来处理形态,那么形态就具有交互的意义。即产品通过形态传递信息,产品使用者即受信者作出反应,在形态信息的引导下,正确使用产品。使用者能否按照信息编制者(设计者)的意图做出反映,往往取决于设计者对形态语言的运用和把握。设计者所运用的形态语言不仅仅要传达"这是什么、能做什么"等反映产品属性的信息,而且还要让别人明白"怎么做、不能怎么做、只能这样、不能那样、除了这样、还能那样",等等。形态是利用人特有的感知力,通过类比、隐喻、象征等手法描述产品及与产品相关的事物。以下列举的是通常产品形态所要表现的相关事物的方法。

通过产品自身的解说力，使人可以很明确地判断出产品的属性，如，尽管电视机、电脑显示器、微波炉等在形态上有很多相似点，但仍然很容易将其区分。

a.将构成产品各部分的形态加以区分：让人轻易就能明白哪些属于看的（视觉部分），哪些属于可动的（触摸部分）；哪些部分是危险的，不可随意碰的；哪些部分是不可拆解的。可通过合理的形态设计让使用者能够辨别，或者让使用者根本无法触及。

b.构成产品的部件、机构、操控等部分的形态要符合使用习惯。

c.形态要明确显示产品构造和装配关系。

利用新奇的形态激发使用者的好奇心和想象力，唤起良性的游戏心理，使产品形态具有多种组合性、变换性，从而使产品更具有适应性。为了给使用者留有发挥的余地，在避免误操作的前提下，尽可能不用使用说明。

产品往往是处于一个具体的环境之中，或是在一个建筑空间里，也许是在一个自然环境中，有时也可能与其他各种产品同在一处，这些都必然与产品形态之间的关系存在着相互影响的问题。这些问题往往也包括尺度、材质等因素。

如何使产品具有魅力，形态的作用是关键，不一定凡是崭新的形态语言才会产生魅力。如果能让人从形态中读出记忆中所熟悉而喜爱的信息，同样能使人在对往事的回顾中产生亲切感。

在产品世界里，形态的意义要远大于以上探讨过的范围。产品形态不仅仅是以上所涉及的"物"的层面和"事"的层面的意义，而且还包括精神、文化层面的意义。在工业设计发展过程中，"形态"始终是中心话题。不断变化的时代背景也会给形态带来很大影响，人们以不同的目的，从各种不同的角度去思考形态的表现问题。

一、功能主义设计及形态的表现

20世纪30年代前后，是工业设计的开创期。在美国，为了使处于经济危机下的产品打开局面,大量使用了流线型的外观形态。这在当时成了速度、效率等新时代的象征;在德国,围绕着设计的观念,引发了一场设计革命。人们不仅对产量、而且对质量有着同样的需求,两者的矛盾使当时代表统一化、规格化的量产方式受到了新观念的挑战;英国也在德国的影响下,开始了规格化、合理化等现代主义设计的实践。当时的这种现代主义设计,如今也称之为合理主义或功能主义,其实质就是"好的功能,就是好的形态"。现代主义强调形式服从于功能,强调以科学的、客观的分析为基础,避免设计的个性意识,借此提高产品的效率及经济性;反对无理性根据的形式,反对传统样式及装饰,提倡创新。由此,形成了现代主义特有的设计语汇,即净化了的几何形态。这虽然符合工业化生产的要求,但产品的功能多种多样、千差万别,简洁、单纯的几何形态,也只能是造型和精神上的抽象功能在材料、结构上的体现,而不能完全是产品自身的目的性的呈现。现代主义处于历史发展的早期,难免会产生新的矛盾,导致批量生产条件下的简约化或标准化要求与消费市场多元化、多层次要求相对立,甚至会重蹈历史上折中主义或样式论的覆辙。

所谓功能主义的设计,就是运用构成的手法控制形态语言,这种抽象程度极高的形态语言所表现的产品形态,往往使人们难以用感性去理解所表现的既定的概念,反而会以自由而丰富的想象力去曲解形态表现的本意,从而也就失去了形态表现的有效性。

功能主义设计所追求的合理化、规格化的结果,导致形态语言具有世界性而缺乏个性化,自然也就不可能适应消费市场的需求。所谓完美的设计,反而使消费者选择的余地和范围变得狭窄。

二、新的形态表现

随着市场的全球化,形态表现日趋多变,对于那些能直接影响人们生活方式、激发人们行为的形态语言的需要不断增加。从人们跟风时尚,进而追求"新品"的现象中不难看出,丰富形态表现的迫切性。现在产品形态设计所要追求的往往是符合时代潮流的、摈弃千人一面的形式而面向差异化的表现。如赋于形、色以游戏性要素,或将异质因素进行组合,造成失调的感觉而形成趣味等多样的表现方法。总之,是从知觉语言、视觉语言、造型语言转向与人类生活和行为相关的语言表现。

另一方面,新材料及信息技术的应用和发展,迫使设计者改变自身态度。

从尼龙开始,随着丙烯、聚酯、聚乙烯、聚苯乙烯、聚丙烯等新塑料的工业化生产,经过 20 世纪 50 年代以来飞速的进步,给这以后的形态设计提供了难得的契机。

塑料材料一旦通过造型语言的表现,什么样的形态变化都能实现,体现了与木质、金属等自然材料完全不同的异质特性。形的起源往往是以不带有任何联想性质的自然素材模仿被造物。随着进行各种形状的加工技术的开发,便逐步产生了新材质的表现。塑料质感和造型性能,对 20 世纪 80 年代以后的形态表现产生了很大的影响;对所谓无起源形态语言的新产品的制造起了很大的作用;也对电子信息产品的组合、形成新的产品形象具有关键的作用。

今日电子学技术的发展,使产品设计语言表现的空间发生了变化。形态的表现往往可以脱离内部约束进行自由发挥,复杂的机械学原理逐步被取代,从束缚的空间中解放出来。电子技术界定了现代设计所无法提示的那部分空间的语法和形态规范,使现代设计绝对化的语法和规范相对化。

从近年来的产品市场上可以看到形态表现上的变化。具体体现出的特征是:一方面同一产品领域的形的变化激剧增加;另一方面,形态本身也在发生很大的变化,无论哪方面,形态的种类在增加,从未想象过的各种形态也层出不穷。尤其是与家电产品及随身用品相关的产品种类越来越多。究其原因就是技术的进步,经济的发展,使产品市场越来越成熟.产品一旦进入成熟阶段,竞争的焦点自然就落在形态的变化上。物质丰富的阶段消费时代,个性化需求凸显,规格化、统一化的产品模式注定不能与时代相适应,多品种、少批量的柔性生产方式由此产生。因此,也形成了形态表现的新的空间,但同时使形态表现也面临挑战,而对应挑战的手段就是放弃功能主义所惯有的几何构成的手法,尽可能抑制抽象的、客观的、几何的理性表现,代之以具象的、比喻的、隐喻的、主观的表现方法。因此,各式各样的形态表现方式都浮出水面。如,以自然物或动能作比喻的形态;以尖端技术的隐喻表现高技术、高档化的形态;甚至以 20 世纪 50—60 年代流行过的样式特征表现怀旧的形态。此外,表现方法也不再单一,出现了新古典主义、新功能主义、自然主义、折中主义思潮影响下的各种表现手法。联想自然,引用过去、象征意义等一时间成为一种倾向。

总之,从功能性的表现转向语意性的表现,从客观到主观,从技术到理论,从理性到感性,从世界性到地域性的形态表现倾向已成为不可回避的潮流。

三、造型设计与感觉体现

产品的造型设计的形态要素在产品造型设计中占据着首要的地位,在产品系统中,产品形态在其中充当着极为重要的角色,它是构成产品的现实基础,也是产品物质和精神功能得以实现的前提条件。产品的形态和产品的其他要素,如功能、结构、材料、色彩、肌理等一起构成了这种产品所特有的整体属性。当消费者在对某种产品进行选择与使用时,通常都是通过产品视觉方面或触觉方面的形态所传达出来的某种信息与情感判断其使用的方式、衡量其审美的价值。人们在构成或者评判产品的特质时需要将产品的形态和产品的其他要素联系在一起,是通过形、色、质三方面的相互交融的关系来提升或理解设计的意境,以折射出或感受到隐藏在物质形态表象后面的产品精神。所以,充分理解产品形态的重要性,把握形态与功能、结构、材料、色彩、肌理等要素之间的关系,以独特的形态语言传达出产品的典型性内容,对于产品设计的成功是极为重要的(图 6-1)。

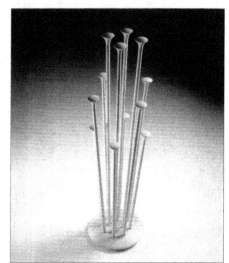

图 6-1　产品的造型设计

　　形态主要是指物体内在本质的一种外在表现,它包含了物体的外在形状以及使人们能够产生心理感受的情感。"形"主要是指物体的高宽深比例以及透视缩形的变化,是一种物化的、实在的或硬性的,具体所涵盖的物体轮廓、明暗交界线、投影、转折等的关系;"态"主要是指物体所蕴含的"神态",是对人产生各种感情影响的形式内容,它主要是精神的、文化的、软性的以及有生命力的,所以,形态是物体"外形"和"神态"之间的有机结合。产品的形态本质上也就是实在物质性和人的精神性之间的综合,也就是主观和客观的统一。而成功产品形态的创造不但要求可以表达出某种意义,同时也要求和各产品要素保持统一。只有当产品的形态所具备的意义和产品的物质功能以及人的审美需求保持一致时,当产品的形态符合伦理道德要求且不会对环境产生负面的影响时,产品的形态设计才是比较成功的(图 6-2)。

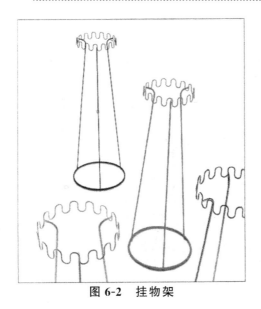

图6-2　挂物架

（一）构成与造型

构成属于一个近代的概念,《现代汉语词典》曾经将其解释为"形成"与"造成",而在现代的艺术设计范畴中,在广义方面来看,其含义和"造型"是相同的,狭义方面则是"组合"的意思,也就是从造型要素中抽出来那些纯粹的形态要素进行研究。简而言之,我们这里所说的构成,主要是以形态或者材料等作为有效素材,根据视觉效果、力学或者心理、物理学有关原理进行的一种组合。

"构成"和"造型"在概念上存在一定的区别,将形态的多个要素根据一定的原则进行创造性的组合,其创作的方法就叫作构成,而所创作出来的作品,则称之为造型。也就是说,它们的区别在于能够构成更强调造型的过程而不仅仅在于结果。大千世界的所有形态都是各个要素之间的组合形态。更进一步讲,离开了点、线、面的组合,不管具象或抽象的形态都无法成立;所有形态(包括具象形态和抽象形态)都是由点线面及其组合形构成的,所不同的仅仅是组合原则与方式而已。换一个角度来看,从构成的实质方面讲,构成主要是用分解组合的观点进行观察、认识以及创造形态的,主要是造型活动的科学创造性思维,它并不会规定形态要素一定是点、线、面（图 6-3）。

图 6-3　仿生灯设计

（二）立体构成

构成是指排除了时代性、地区性、社会性、生产性等众多因素的造型活动形式，造型设计包括了立体构成在内，充分考虑到其他众多的造型要素，使其能够成为一个完整、合理、科学的造型物的活动，构成是设计的重要基础。

在三大构成之中，立体构成（空间构成）在工业产品造型设计过程中占据了十分重要的角色。

1.体的概念

体在几何学上被解释为"面的移动轨迹"。在造型学上，体被称作一种由长度、宽度和深度三次元所共同构成的"三度空间"或"三次元空间"。体由于具有实质性的空间，因此从任何角度都能够通过视觉与触觉来感知它的存在。其存在的主要特征就在于体的量感表现，也就是它能够体现出物体的体积、重量以及内容量三者之间的共同关系。体的量感具有正量感与负量感两种不同的类型。简单来说，正量感主要是指实体的表现，而负量感主要是指虚体的存在。

以构成的形态进行区分的话，体可以分成半立体、点立体、线立体、面立体以及块立体等多种主要的类型。

三度空间的构成,并非是一种纯粹以点、线、面或者块立体的形态出现的,而通常都需要对其进行复杂的构成才可以满足各种不同的立体造型。

2.立体构成的特征

立体构成的特征主要表现为分析性、感觉性以及综合性。

分析性:主要是指绘画和图案的创作活动,其鲜明的特点是从自然中收集有关的素材,将对象当作一个整体加以研究,以具象作为原型,通过夸张、变形而加工成的有关作品;构成则不是模仿的对象,而是把一个比较完整的对象分解成很多造型要素,之后再根据一定的原则(自然而然也加入了作者的主观情感),重新进行组合成为一种新的设计。构成在研究一个形态的过程中将它推至原始的起点,分析构成元素、原因以及方法,这就组成了构成的认识方法和创作方法。

感觉性:构成是理性和感性之间的有机结合,是主观和客观相互结合在一起的。构成作为一种视觉形象要素,它一定会将形象和人的感情结合到一起,只有将人的感情、心理因素作为造型原则的重要组成部分,才可以使构成的形态产生艺术的感染力量。

综合性:立体构成作为一门造型设计的基础性学科,和材料、工艺等相关技术问题存在十分密切的联系;不同的材料与加工工艺,可以使那些采用相同的构成方法创造出来的形态产生不同的效果。所以,构成一定要与不同材料、加工工艺结合在一起,创造出具有特定效果的形态,这样才能充分体现出构成的综合性(图6-4)。

(三)立体构成与色彩

色彩和形体之间的关系十分重要。不管怎样,色彩一旦改变了施色物体的有关形状,则这种色彩的视觉也就会相应地发生改变。所以,在考虑形体的色彩时,不但需要将形体变化对色彩的影响充分考虑到其中,还应该将色彩变化对形体的影响考虑到其中,以便能够巧妙地运用。例如小轿车的设计就是利用了形体的变化使单色形成了十分丰富的色彩效果,加强了对汽车形体的比例分割,使车身显得更加扁平(图 6-5)。

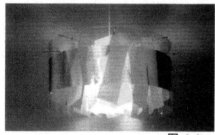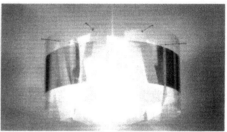

图 6-4　天花板灯具

图 6-5　汽车的形体

(四)立体形态的材料

立体或者空间形态都需要通过材料的加工实现,立体构成的实践应该将视觉的形态要素物化为材料,要求将视觉的运动物化为组合的形式。所以,特把材料根据形状划分成了三类,即线材、板材、块材,以便能够把握住材料对应的心理特征。

(1)线材:轻快、紧张、具有一定的空间感(相当于"骨骼")。

(2)板材:表面属于扩展的,有充实感。侧面比较轻快,有一定的紧张感(相当于"皮")。

（3）块材：空间闭锁的块是十分稳定的，具有重量感以及充实感（相当于"肉"）。

最为常用的一种块材是几何形体。这种形体是人创造的，它具有十分丰富的潜在逻辑性与精确性，反映出了人类的智慧与力量，具有很强的表现力。最基本的几何形体主要包括了球、柱、锥、立方体等，为使其变得更加丰富，可以通过变形、加法以及减法的创造来实现（图 6-6）。

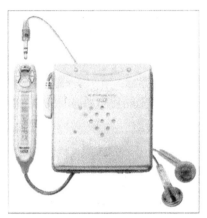

（a）便携式播放器

（b）洗衣机

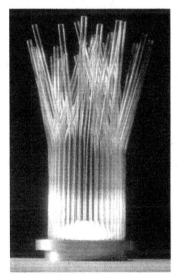

（c）台灯

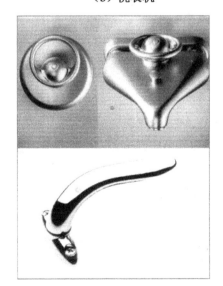

（d）水龙头

图 6-6　立体形态的材料

（五）造型设计的主要方法

所谓方法指的是为了解决某个问题或为了达到某种目标而运用的方式方法的总和。广义上来看，方法其实就是人的一种行为方式；从狭义来理解，方法是指能够解决某一个具体的问题，完成某一项具体的工作而需要的一系列程序和办法。

设计的方法是在设计的实践过程中逐步产生与发展起来的，同时，它还在和其他的学科方法在进行着持续的交流与学习过程中不断地发展变化着。由此来看，现代设计的方法学，其实就是一门综合性的科学。而在现代设计的方法论中，"包括突变论、信息论、智能论、系统论、功能论、优化论、对应论、控制论、离散论、模糊论、艺术论的内容"❶。其中，最具普遍意义的为功能论方法与系统论方法。

1.功能论方法

无论哪一种设计都有其最终的目的，而目的正好是功能的表现，功能设计不但涉及了产品的使用价值，还涉及其使用的期限，涉及其重要性、可靠性、经济性等多个方面的内容。

功能论方法是把造物的功能或设计所追求的功能价值加以分析、综合整理，形成更细致、完整、高效的结构构思设计，完成设计任务。从内容上来看，功能论方法主要包括了功能定义、功能整理、功能定量分析等诸多的方面。功能论方法在设计的过程中有极为重要的意义，主要是把产品的功能作为其设计的核心，设计构思也以功能系统为主。同时，这种设计方法主要是以功能为中心，能够最大限度地保障产品的实用性与可靠性。

功能论方法也比较重视对功能进行分类。李砚祖先生认为，有的设计对象具备了几种功能，有的则有较多的功能，如果按照功能的性质来分，主要有物质功能和精神功能两部分。而物质功

---

❶ 戚昌滋.现代广义设计科学方法学[M].北京:中国建筑工业出版社,1996.

能是产品的首要功能,精神功能则是通过产品的外观造型以及物质的功能表现出来的审美、象征、教育等的组成。其具体的列表如图 6-7 所示。

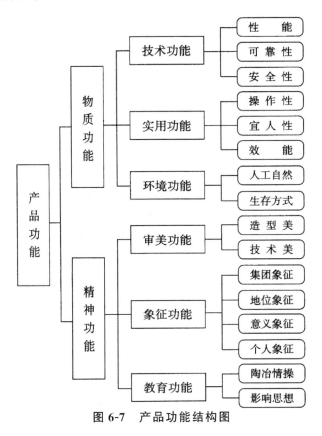

图 6-7　产品功能结构图

2.系统论方法

　系统论方法是进行整个设计的前提,它是一种以系统的整体分析及系统观点作为基础的科学方法。系统论认为系统是一个具有特定的功能,相互联系与相互制约的有序性整体。

　具体来看,设计的系统分析包括许多方面,如设计总体分析、功能分析、分析模拟、系统优化等多个方面,最后进行系统综合。系统分析是系统工程的重要组成部分,系统分析是系统综合的前提,而系统综合是根据系统分析的结果,进行综合的整理、评价和改善,实现有序要素的集合。由此可知,系统论方法为现代设计领域提供了从整体的到互为的多种角度进行分析研究的对象,也提供了与之相关问题的思想工具与思想方法。

除了上述两种重要的设计方法之外,下列的一些设计方法也是设计的影响因素。

优化论方法:优化是现代设计过程的重要目标之一,常常采用数学的方法对各种优化值进行搜索,希望能够寻求一种最佳的设计效果。

智能论方法:这是一种采用智能的理论,发挥智能载体的潜力从事设计的方法。智能载体除了生物智能外,还包括人造智能,如电脑、机器人等。

控制论方法:以动态来作为分析的基点的科学方法,重点研究动态信息与控制以及反馈的过程,包括了输入信号和输出功能间的定性定量关系。

总之,影响设计的因素有很多,我们要根据在设计过程中所遇到的实际问题进行有针对性的解决。只有全面考虑到各种影响因素,才可以在设计过程中寻找到最好的设计方式方法。

(六)产品的色彩感觉

1.平面造型的色彩感觉

我们知道,色彩不同对人的生理与心理影响也会不同,从而让人产生的感觉与情感也会不同。即便是相同的色彩赋予了不同的物体,或者是不同的色彩赋予给了相同的物体,很多时候也会有完全迥异的效果。色彩通过不同的色相、纯度、亮度等形成各种不同的色彩性质,同时也通过不同的色彩中的不同的面积比,以及其中的呼应等关系,产生完全不同的色彩对比、调和。如果色彩反映出来的事物情趣能够和人们的生活联想之间发生共鸣,那么这个时候人们就能够感受出色彩的和谐,并感受出色彩的装饰功能。

2.立体造型的色彩感觉

对于立体造型的色彩设计,不能够脱离对光线的合理使用。虽然它需要严格遵循色相、明度、纯度等色彩的特定规律,但是寻求一种相对合理的空间关系依然是实施立体造型的关键。在立体造型中合理使用色彩因素,就需要基于光和色之间的关系来进行。如红色的汽车能够呈现出来红色,是因为不但可以反射红光,还会吸收绿光和蓝光。同理,呈现出白色的物体它们通常是反射了大多数或所有的可见光;根据这个原理来看,那些呈黑色的物体是吸收了多数可见光,同时它们基本上不会反光。由上述所说的原理我们能够知道,光线和色彩之间存在着极其微妙的内在关系。

色彩是立体造型的重要构成因素,它和形态以及物体的材质之间相互依存,并在此基础上创造出视觉质感以及塑造出空间,如图 6-8 所示。光线对立体造型的色彩再现有着极为重要的作用。光线从正面直射和侧面照射其色彩有很大差别,而使用逆光照明来看的话,物体的色彩看上去就会显得相对柔和些,甚至消失。通过上述的现象可知,在立体造型中,设计者不但要对色彩的构成原理进行充分的了解,还要充分掌握照射到对象表面的光线特点。

图 6-8　色彩造型呈现出立体感

3.色彩造型的其他感觉

色彩是产品造型设计中至关重要的因素,色彩可以改变产品造型的感觉以及形成心理上不同的感受。色彩计划同样要根据产品概念和设计概念来设定。基于产品的概念,必须符合"何人""何地""如何"使用的原则。而且,色彩也是产品战略中必须研究的课题。如,照相机产品、OA产品(复印机、电脑、打印机等)、医疗产品等,因为属于相同产品领域而在色彩运用上带有共性。

照相机、影像设备多以黑灰为主;OA产品和医疗产品多用浅色、本白、灰色等(图6-9)。如果要超出习惯性的基色范围处理产品颜色时,就要研究与外观色彩是否相符,与市场战略意图是否相符,而不能以个人的偏爱取而代之。如果是为了追求差异,不

(a) 照相机

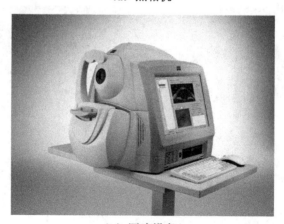

(b) 医疗设备

图6-9 产品的外在色彩

妨在惯用基色的基础上将品牌文字图形的色彩加以强调。为了加强产品的视觉效果,形成品牌系列,也不妨将产品的某一部分或某个部件加以色彩变化,或用企业象征色来装饰这一部分。白色给人一种干净整洁的心理感觉,灰色使人感到舒畅,这些产品的色彩不同,给人的心理感觉也有相应的变化。当然,除此之外还有很多其他的色彩设计运用到产品之中,如红色给人热烈之感、绿色给人带来活力之感,等等。

产品的表面处理对色彩的影响很大。同样是黑色,因表面处理的不同而视觉效果各异。涂饰时可以处理成"高光"或"亚光",在塑料成型时也可以处理成橘皮质感,也可以通过氧化处理形成肌理感。不同的表面处理,可使产品具有不同的品位。

另外,产品上的各种视觉提示部分的色彩,必须依据人体工学的原理进行配色。

第二节　基于传播理论的品牌形态文化构建

一、品牌形态文化构建

(一)品牌

品牌一词来源于古斯堪的纳维亚语"brandr",意思是"打上烙印",原指中世纪烙在马(图 6-10)、牛、羊身上的烙印,用以区分其不同的归属。如今,品牌的内涵早已超出这个范围。

(二)品牌形象

人们在与某一产品、人物、事件等接触后,会产生自己的印象、理解和想象等,这些东西的集合中便产生了"形"和"象"两个层次的含义。品牌传播可以被看作是连接品牌识别和目标受众的桥梁,也是调整他们之间关系的重要工具。在传播的过程中,一个成功品牌可以唤起消费者心中的想法和情感,促使消费者形成品牌忠诚,对品牌产品产生长期的购买行为。例如,苹果的品牌形象源自于其优良的产品体验(图 6-11)。

图 6-10　在马屁股上烙印标记

图 6-11　苹果 iPhone 卓越的用户体验

（三）品牌识别

"识别"(Identity)一词含有特性和共性双重含义,既表明人或事物持久且不可替换的属性特征，又指出不同对象在性质、习惯、观念等方面所表现出的一致性。从品牌形象角度理解，识别的"特性"主要体现在品牌和竞争者相区别的独有的个性方面，如符号、语言、理念、行为等；识别的"共性"则指品牌自身在追求价值和目标上表现出的一贯性，以及在形象传播延展方面保持的统一性。

品牌的识别是品牌信息传播的第一步，而识别的达成需要创造能够令受众产生反应的刺激要素，如形状、色彩、声音等，具体到品牌上就是名称、商标、标志、口号等个性化的信息符号。这些符号的综合应用将作用于我们常说的"五感"，即视觉、听觉、味觉、嗅觉、触觉，并且在相互融合后形成人们对品牌形象的完整认知。瑞士语言学家索叙尔（Ferdinand de Saussure）认为"人的意识领域就是一个符号的世界"，即符号是人类认识事物的媒介。根据符号学理论，人的思维是对符号的一种组合、转换、再生的操作过程。符号是信息存贮、传播和记忆的载体，又是表达情感的工具，人们在符号的编码与解码中实现信息的传递和思想的交流。因此，品牌识别符号的开发必须考虑到受众解码时所需的相应知识和经验水平，否则信息的沟通就会失败。

在人们所接受的外界信息中，其中约有 83% 源于视觉。可见，视觉要素是人类最主要的感知途径。视觉符号在品牌形象的传播中发挥着关键性作用，也是品牌识别设计的重点内容。下图展示了品牌感官识别的构成要素（图 6-12）。

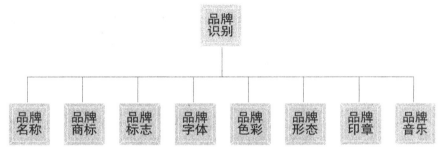

图 6-12　品牌识别构成要素

二、品牌形态文化构建实例分析

（一）谭木匠品牌形态设计

"谭木匠"的老板谭传华出生于木匠世家。创业之初,他准备为产品取名"三峡"牌,后来发现重复率太高,最后选用具有中国传统民间气息的"谭木匠"称号。

在我国,传统木工手艺人被唤作"木匠",这个称呼有着比较浓烈的乡土味,象征着勤劳智慧。中国的传统商号有一种在称呼前冠以姓氏的取名习惯,"谭木匠"就沿袭了这一传统,给人一种沧桑的历史感。除此之外,"谭"与"檀"谐音,檀木在中国民间文化中象征着清静、吉利,"谭木匠"别具一格的标志设计与之相结合,颇有锦上添花之效。"谭"字选用繁体的隶书,给人以传统的文化气息;"木"字是由"刨子"和"木尺"组合而成,极具工行业特色;"匠"字则是像用木刻的手法刻在木板上的文字;"谭木匠"三字下面配以古代木工作坊劳作的版画图,极具中国传统文化特色。品牌的行业特色和手工工艺结合在字与图的巧妙搭配下表现得淋漓尽致。

"谭木匠"以其独特的文化品位树立了品牌形象,品牌视觉识别在品牌传播时通过图案、造型等向消费者传播品牌的诸多信息,会给消费者留下直观、深刻的印象。谭木匠依靠传统小梳行业的底蕴,提炼出"我善治木""好木沉香"的理念,把中国古典文化和人性情感注入到了产品中。古朴的购物环境、富有中国传统特色的产品包装、造型精致独特的小梳、独具传统文化气息的系列产品主题,都体现出谭术匠把木梳的效用重心由顺发功能转向文化和情感,将小木梳的艺术性、工艺性、观赏性、收藏性与实用性相结合,使小木梳从日常用品提升为寄托情感的艺术品。一把小木梳传递出浓郁的传统义化底蕴,也造就了一个品牌形象的神话(图 6-13 至图 6-15)。

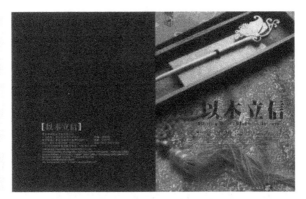

图 6-13　谭木匠的经营理念

图 6-14　谭木匠的店面设计

图 6-15　谭木匠系列产品

(二)苹果品牌形态设计

1976 年,由乔布斯、斯蒂夫·沃兹尼亚克和 RonWayn 在美国加利福尼亚的库比提诺创立了苹果公司,苹果总部位于硅谷中心地带的丘珀蒂诺市,以电子科技产品为核心业务。苹果公司因其创意性的硬件、软件、网络技术及设备,其致力于将最佳计算机使用体验带给全世界学生、教育工作者、创意专家及普通消费者的热情,其狂热追求卓越简约设计的精神,其勇于创新的开拓精神、精实细致的品牌精神和完美体验的用户中心设计理念,苹果品牌越来越受人爱戴。

苹果从产品设计角度出发,多年来秉承一个清晰的品牌理念——"致力创造全新的人和机器之间的关系"。这体现了一种新的人机关系愿景,产品真正将用户作为主人,以用户体验为出发点,这是使产品和技术围绕着人的需求,体现了"以人为本"的创造理念。

苹果还有另外一个理念,这个理念是从手中定位的角度来讲的,从苹果在其 1997 年品牌广告中所使用的 Think Dfferent(与众不同)可以体现其传达。苹果的目标用户群体是那些特立独行、思想独立、有勇气打破世俗、愿意学习新鲜事物、不甘平庸愿为理想不懈努力、期望改变世界的人们。苹果公司将全部精力放在那些具有 Think Different 价值观的用户身上,通过苹果的产品来满足受众的极致体验。

从品牌文化角度来说,品牌产品和品牌文化是品牌理念的直接响应,苹果更是做到了让品牌理念成为业务发展的指路明灯。苹果品牌不仅仅贩卖产品,不是一家纯粹强调硬件、软件、芯片技术领先的品牌,它更是一个懂得如何将技术和人文科学完美结合的顶尖高手。确切来说,苹果贩卖的是它的品牌文化,所以我们才能看到那些为之疯狂的苹果迷(Apple Fans)。

苹果坚持产品创新,为品牌创造了巨大价值,创新力在其中发挥了巨大作用,不仅为苹果品牌奠定了长远的发展基石,还使得苹果能够持续屹立在高科技企业中。

　　苹果的产品创新从三方面设计：一是外观设计；二是配置和系统的设计；三是用户体验设计。苹果有能力发现并满足用户的隐性需求，这就是苹果产品创新的核心价值与竞争力。苹果产品直接创造那些消费者需要但表达不出来的实质或心理需求，通过完美的消费体验，提供一种新的生活方式，从而引导消费。拥有产品创新力的苹果品牌才能在竞争已经非常激烈的 MP3、手机、个人计算机领域开创出宽阔的天地，成功向世人推出 iPod、iTunes、iTouch、iPhone、iMac、iPad 产品（图 6-16）。

图 6-16　苹果家族产品

苹果产品都遗传了一种基因,不仅仅从名字命名上,也从三方位的设计中可以看出对苹果品牌设计理念的继承,例如苹果数字播放器 iPod 作为 MP3 产品族群,旗下可细分为 iPod shuffle、iPod nano、iPod classic 和 iTouch 四条产品线,它们在风格上保持一致,在造型上一脉相承:简洁的外部线条,纯净丰富的色彩,触感良好的材质,圆形的操控转盘,直观易懂的人机界面。在跨族群产品中,苹果保持了产品设计的独特性和差异性,但在产品族群更新和创造时,又享有共性特征元素,让产品在外观上形成连贯的视觉语汇,在配置上达到软件共享,在操作体验上都表现卓越,将所有产品与"苹果品牌"相连接,最后升华至一种个人形象和新生活方式的象征。苹果利用强烈的创新意识,配合独特的社会文化价值,营造行动娱乐个人化的生活形态,引领消费者的需求从而获得消费者喜爱。

苹果产品的包装设计也沿袭了产品设计风格,以白色为基调,采用透明的塑料包装和白色的纸质包装作为主要材料,包装和产品浑然一体,兼具设计感。包装内所有物品包括配件的摆放安排和保护措施,如坚硬的上盖以及内部光滑的塑料小托盘均经过深思熟虑的设计,将产品完整地完美地呈现在消费者眼前。美国将 D558572 号专利授予 iPod nano 包装盒,D596485 号专利授予 iPhone 的包装盒,从包装专利上体现了苹果重视包装如其产品。创新型产品、漂亮的外部装饰和简洁环保的包装交相辉映。

包装是产品完整体验中的一个重要环节。完整的体验是从选购商品,打开包装到使用商品的一整套过程,苹果为顾客提供完全不一样的细致体验。苹果包装的各个方面流露出了高品质理念,从包装上感受到的不仅是潮流,更有体贴入微的人性关怀,科学的严谨性和视觉传达直中要领的简约性,正如苹果品牌所创造出来的产品一样,充满了吸引力(图 6-17)。

苹果品牌的成功还得益于从产品到服务的成功转型。苹果不仅做实体产品,它还围绕产品开发了许多以顾客体验为中心的增值服务,为品牌联想的塑造起到了相当正面的推动作用。这些服务设计包括共享资源平台和苹果实体体验店。共享资源平台主要是指 iTunes Store、App Store、iBook Store 三大网上资源平台,配合苹果产品让用户拥有线上到线下的完美体验。在苹果实体体验店中,看不到强行推销和购买行为,顾客自由地使用和感受苹果产品,直到顾客爱不释手而心甘情愿将其买回。这样的体验式展示平台,能够以情感为主线,激起消费者的购买欲望,让顾客发自内心地喜爱这个品牌。目前全球有超过 230 家直营苹果体验店,为光临顾客提供全方位的产品展示和外延式服务。

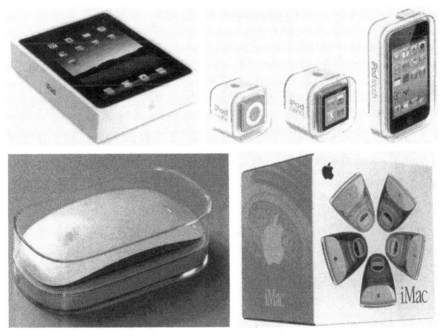

图 6-17 苹果产品包装组图

图 6-18 上海陆家嘴苹果实体体验店

（三）多士炉品牌形态设计❶

1.多士炉形态、色彩、材质分析

多士炉，英文名 Toaster，我国称为自动面包片烤炉、面包烘烤器，它是一种专门用于将面包切成片状重新烘烤的电热炊具。

随着生活水平的提高以及生活节奏的加快，人们越来越注重早餐的营养和便捷，多士炉无疑是一种快捷方便的早餐烤制器具。用它来预备早餐，几分钟就可得到表面金黄酥脆，内部松软的面包片，美味方便，因此越来越受到消费者的青睐。

多士炉可以按面包放置方式、功能调节方式、控制结构来分。一般能看到的是跳升式、自动—手动调节、时控型的多士炉。多士炉的功能只有一样，那就是烘烤面包，由于它的设计巧妙，突显了多士炉烘烤的专业化。规格大小的选择，主要按家庭人口多少而定，一般选择两片式的的面包炉为宜。有人说电烤炉功能多样，除了可以烘烤面包，还可以烤各种肉类、海鲜和简单小食，价格只相差 100 多元。这是没得比较的，一个专门烘烤面包的家电烤出来的面包就是不一样，是全方位的，烤出来的口味也正宗、可口些，例如有调节烘烤焦度，有解冻再烘烤，还有翻热，而且多士炉还有许多长处，它体积小巧，使用方便、安全，功率比电烤炉也小些，省电些。多士炉烤出的面包脆脆的，可以调制不同口感。随着社会发展，小家电逐渐进入市民的生活，可以看出市民的生活方式在逐步改变，和以前有所不同，人们更会轻松享受生活。

专业烘烤，就不能再兼顾其他的用途，这就缩小了它的使用圈子。我们知道烤面包是西方人的习惯，也是从那里传过来的，在中国有这样习惯的人毕竟少，但从目前看来，人们还是渐渐接受了这样的小家电，慢慢注重生活的小细节，毕竟，吃面包也要有一番好的享受。

各大厂家纷纷推出不同款式的多士炉，在各大家电商场，看

---

❶ 柏小剑.产品形态语义的传达编码探索[D].中南大学,2008.

到的有三洋、龙的、东菱、飞利浦、尚朋堂等牌子,加起来有 10 多
种款式选择。三洋近期还特别推出了有能够烘烤出可爱的熊猫
图案的多士炉,新奇又时尚。牌子不多,但这些多士炉在款式、功
能、价格上却有所不同。一般的多士炉只能烘烤方面包,现在这几
个牌子都有了烘烤架,对圆面包或馒头一样能烤得热乎乎、香喷喷。
龙的、飞利浦等牌子还有程序取消按键和解冻装置,其中飞利浦还
多了个翻热功能。三洋牌今年新推出的几款多士炉都有所突破,
SK 系列中有两款能够烘烤出可爱的熊猫图案,为了防止在不使用
时腔内积尘,多士炉又多了个防尘盖,这带给消费者一个全新体验。

　　对市场上现有的多士炉产品进行调查分析,得出以下结论:

　　(1)市场上现有的多士炉产品在造型方面以风格圆润和造型
简洁的产品为主,主要是多士炉作为小家电,圆润简洁的造型可
以消除消费者与产品之间的隔阂,给消费者以视觉上的舒适感和
情感上的亲切感。分析过程如图 6-19 所示。

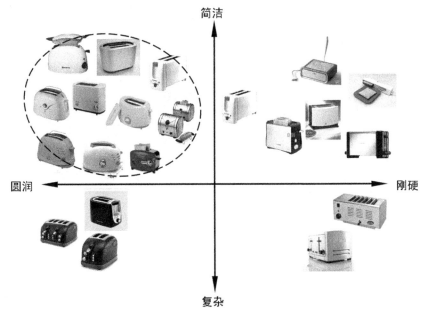

图 6-19　多士炉造型分析过程

　　(2)市场上现有的多士炉产品在色彩方面偏向无彩色系,有

彩色系的产品在产量和销量上面都比无彩色获少彩色系的产品小一些。无彩色或少彩色系的多士炉产品能够较好地与家具环境协调,而且无彩色系产品更能体现出简洁高效和精致的生活情趣,因而受到许多人的喜爱。分析过程如图 6-20 所示。

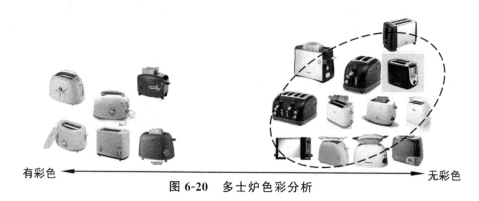

有彩色 ←——————————————————————————→ 无彩色

图 6-20　多士炉色彩分析

(3)市场上现有的多士炉产品在材质方面有如下特点:现有产品的外壳材质以塑料为主,少量产品以不锈钢作为外壳材料;炉腔则大都使用不锈钢作为内腔。分析过程如图 6-21 所示。

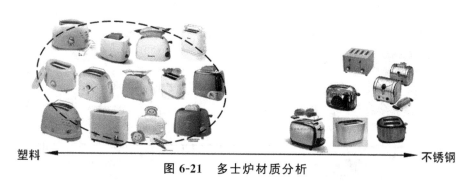

塑料 ←——————————————————————————→ 不锈钢

图 6-21　多士炉材质分析

经过以上分析,我们可以看出:在物质生活越来越丰富的今天,人们对生活的追求增加了文化性、趣味性的因素,多士炉作为专业的面包烘烤器也越来越受到人们的喜爱。针对市场上现有的多士炉产品存在体积较大,造型相对比较单一,产品缺乏与使用者互动和交流的问题,作者由此就提出了本章所涉及的以概念多士炉的设计为例,充分运用形态语义的传达编码及其模型进行产品语义性设计。为了使设计更有目标性,特设定如下:设计一款可供三口之家使用的多士炉,要求造型简洁美观,充分运用形态语义传达多士炉的功能和内涵信息,体现出精致时尚的生活情趣。

2.设定多士炉的使用情境和文化情境

为了更好地分析多士炉的使用情境,这里首先描述一个三口之家的早餐生活场景图:又是一个美好的清晨,窗外草地上的露珠闪闪发亮,窗台上洒满了清新的阳光,妈妈一边招呼家人起床,一边准备着早餐。餐桌上摆放着温热的牛奶和新鲜的煎蛋,一台多士炉立在桌子的中央,从它闪耀着微微红光的炉腔里飘出阵阵面包的香味。等大家在桌旁坐定,妈妈在多士炉的开关上一按,表面金黄酥脆内部松软的面包片就从炉腔里弹了出来。宝贝在旁边看着妈妈利索地在两片面包片中间涂满花生酱,一个夹心三明治就变戏法似的出现在餐盘里。在多士炉不断散发的香味中,短短十分钟不到,全家的早餐就都准备好了……

从以上描述的一个三口之家的早餐生活场景中我们可以提取出多士炉使用情境的一些关键词:早餐、美味、开始、希望、家人、和睦等,这些关键词就构成了多士炉的使用情境。此外,由于使用多士炉烘烤面包作为早餐带有很明显的西式生活的烙印,因此,西式生活的典雅和精致就构成了多士炉使用的文化情境。如图6-22所示就是多士炉的使用情境和文化情境示意图。

3.建立多士炉形态语义的传达目标

基于前两节的分析,结合产品的任务描述,我们可以建立多士炉的形态语义传达目标,如表6-1所示。

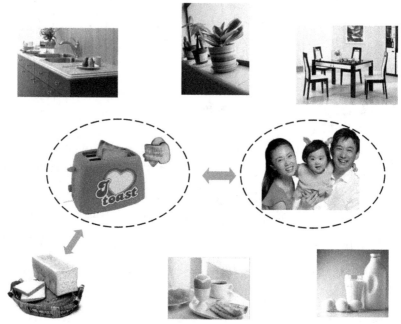

图 6-22　多士炉的使用情境和文化情境示意图

表 6-1　多士炉形态语义的传达目标

传达目标种类	具体目标	目标描述
外延语义的 传达目标	烘烤功能	实现多士炉最基本的烘烤功能
	定时功能	通过定时完成多士炉的自动烘烤过程
	模式转换	实现多模式间的相互转换
	烘烤操作	实现对烘烤过程的操作
内涵语义的 传达目标	简洁	通过形态要素的优化实现简洁的目标
	精致	通过形态要素的优化体现生活的精致
	仪式性	使产品在使用过程中能让人体验到仪式般的感受
	趣味性	使产品在使用过程中能让人感受到趣味

4.多士炉形态语义的传达编码转换和整合

在确立了多士炉形态语义的传达目标之后,就需要运用前文所述的传达编码模型将这些传达目标转换成传达编码并进行整合,转化过程如表 6-2 所示。

表 6-2　多士炉形态语义的传达编码转换

传达编码	编码类型	能指	所指
外延语义的传达编码	造型性编码	炉腔及其内部的加热装置构成的形式	多士炉的功能——烘烤面包
		定时拨片或旋钮、时间刻度及其内部的定时装置	多士炉的定时功能
		模式转化旋钮及其刻度	多士炉的模式转换功能
	材质性编码	炉腔的不锈钢材质	烘烤面包的安全性和高效性
		外壳的塑料材质	产品的轻便性
	色彩性编码	整体的白色	产品的简洁性
内涵语义的传达编码	指示性编码	时间和模式旋钮或拨片及其不同的刻度	调节烘烤时间和模式,符合不同家庭的需要
		炉腔及其位置	指示如何放入待烤面包
	象征性编码	多士炉的整体形态	象征一天新的开始
		多士炉的白色外壳	简洁卫生的象征
		多士炉整体造型上的变化	象征产品设计巧妙、高效
	关联性编码	多士炉的整体形态	让使用者联想到其他的美好的事物
	情感性编码	使用方式上的创新和尝试	通过交流使用经验拉近家人的情感交流
		烘烤过程中能看见面包的变化过程	让消费者体验到不同于以往经验的快乐

　　在分析了多士炉形态语义的传达编码之后,需要对传达编码中重复和冲突的内容进行调整和优化,最后形成完整的传达编码体系。通过综合运用产品设计中形态的各种要素,最后形成了如下方案,如图 6-23 所示。

　　设计说明:在物质生活越来越丰富的今天,人们对生活的追求增加了文化性、趣味性的因素,多士炉作为专业的面包烘烤器也越来越受到人们的喜爱。这款概念多士炉针对现有多士炉体积大,造型乏味的现状而设计,它致力于发掘人们日常生活的小细节,以其方便互动的使用方式和简洁小巧的外部造型充分调动人们的兴趣,使他们在早餐时能享受到一种仪式般的体验。本设计为时控型卷入式,有多种烘烤模式,时间控制通过滑移式拨片来实现。图 6-24 至图 6-26 分别为概念多士炉的整体形态语义、烘烤部分语义和时控部分语义分析。

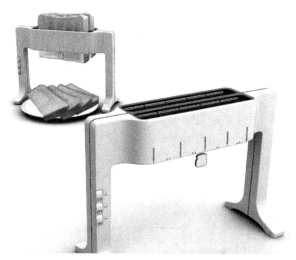

图 6-23　概念多士炉设计效果图(图片来自自绘)

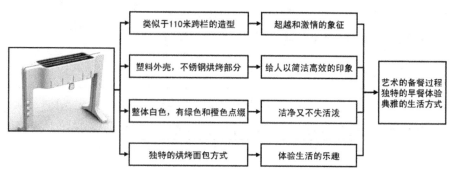

图 6-24　概念多士炉整体形态语义分析(图片来自自绘)

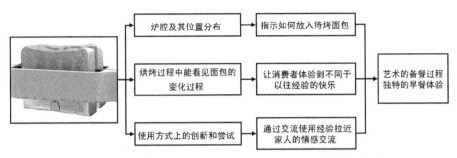

图 6-25　概念多士炉烘烤部分语义分析（图片来自自绘）

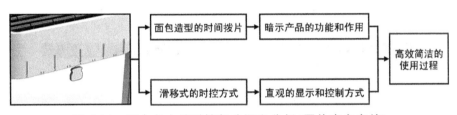

图 6-26　概念多士炉时控部分语义分析（图片来自自绘）

5.多士炉设计方案评价和确定

在完整地将产品语义的传达编码整合到实际产品的设计中之后，还需要对初步设计完成的产品进行评价。依据第五章所述的评价方法是通过产品试用调研、用户反馈等方式进行，评价的标准就是第五章列举的原则和产品最初设定的传达目标以及消费者的满意程度。鉴于本设计虽未进入量产阶段，但是参加了 2008 年"富达杯"中国小家电设计大赛并获得了一等奖，因此本文将引述评委会的评语作为评价：这是一个简单美好的创意，产品简洁的形态及洁净的色彩符合产品的功能特征，设计概念新颖，充满生活情趣，小面包形状的按钮设计尤为可爱，是一款极具亲和力的设计，使用者一定能体味出无穷乐趣，虽然很多人都没有吃早餐的习惯，但这款产品能让人们的早餐时光变成一种享受！

图 6-27　概念多士炉设计获奖证书(图片来自扫描)

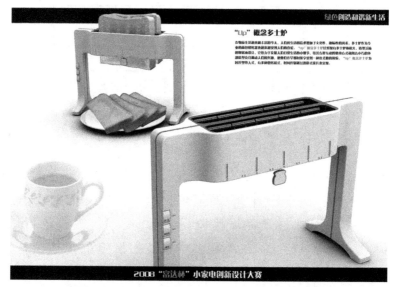

图 6-28　概念多士炉设计版面(图片来自自绘)

第三节　基于用户为中心的产品语义传达

一个产品的来源可能有很多种:用户需求、企业利益、市场需
求或技术发展的驱动。从本质上来说,这些不同的来源并不矛
盾。一个好的产品,首先是用户需求和企业利益(或市场需求)的

结合,其次是低开发成本,而这两者都可能引发对技术发展的需求。越是在产品的早期设计阶段,充分地了解目标用户群的需求,结合市场需求,就越能最大限度地降低产品的后期维护甚至回炉返工的成本。如果在产品中给用户传达"我们很关注他们"这样的感受,用户对产品的接受程度就会上升,同时能更大程度地容忍产品的缺陷,这种感受绝不仅仅局限于产品的某个外包装或者某些界面载体,而是贯穿产品的整体设计理念,这需要我们在早期的设计中就要以用户为中心。基于用户需求的设计,往往能对设计"未来产品"很有帮助,"好的体验应该来自用户的需求,同时超越用户需求",这同时也有利于我们对于系列产品的整体规划。

随着用户有着越来越多的同类产品可以选择,用户会更注重他们使用这些产品的过程中所需要的时间成本、学习成本和情绪感受。①时间成本:简而言之,就是用户操作某个产品时需要花费的时间,没有一个用户会愿意将他们的时间花费在一个对自己而言仅为实现功能的产品上,如果我们的产品无法传达任何积极的情绪感受,无法让用户快速地使用他们所需要的功能,就无法体现产品最基本的用户价值。②学习成本:主要针对新手用户而言,这一点对于网络产品来说尤为关键。同类产品很多,同时容易获得,那么对于新手用户而言,他们还不了解不同产品之间的细节价值,影响他们选择某个产品的一个关键点就在于哪个产品能让他们简单地上手。有数据表明,如果新手用户第一次使用产品时花费在学习和摸索上的时间和精力很多,甚至第一次使用没有成功,那么他们放弃这个产品的概率是很高的,即使有时这意味着他们同时需要放弃这个产品背后的物质利益,用户也毫不在乎。③情绪感受:一般来说,这一点是建立在前面两点的基础上的,但在现实中也存在这样一种情况:一个产品给用户带来极为美妙的情绪感受,从而让他们愿意花费时间去学习这个产品,甚至在某些特殊的产品中,用户对情绪感受的关注高于一切。例如,在某些产品中,用户对产品的安全性感受要求很高,此时这个产品可能需要增加用户操作的步骤和时间，来给用户带来"该产品很安全、很谨慎"的感受，这时减少用户的操作时间，让用户快速地完成操作，反而会让用户感觉不可靠。

设计发展至今，所面对的对象已经转变过很多次，如今，任何一种产品设计，如果希望得到用户的欣赏，就需要对用户尊重和关心。市场并非由生产者、经营者、广告机构和质量监督单位等组成的，如果没有用户，这一切都变得没有意义。作为市场中最重要的买方，用户的决定将改变一个市场的方向，而当用户数量变多时，这种变化会呈数量级上升。如果用户认为某款产品失去了使用价值，那么该产品将面临淘汰，甚至彻底消失的状况。我们可以观察一下，现在身边还有多少移动设备的用户在使用1.8、2.0寸屏幕的手机呢？少之又少。原因就在于，传统的小屏幕移动手机本身无法一次性解决用户体验问题。首先，功能少，无法实现多种移动应用；其次，显示信息有限和操作受限制，小屏幕老化的界面设计不能带来愉悦的感官享受，在密密麻麻的按键限制下你也许只能用大拇指来操作；另外，有限的外观设计，从视觉上直接否定了使用档次。由于全球经济合作的影响，目前我们能够看到的任何产品大概都不会只有生产商在设计制造，那么产品的质量、差异化、可用性、易用性等变量，就逐渐成为用户挑选产品的参考因素。一个用户购买你的产品，并不能说明你的产品已经成功，而是表明你要准备好接受一系列严格的测试和评估，对于任何对产品不利的观点都可能会被用户无情地放大。

图6-29是以用户为中心的第一步"懂用户"，即首先要清楚你的用户在哪里，明白谁才是你真正的用户。学会甄别用户（制定硬性条件，对用户进行分级定位），了解用户的背景资料、喜好特征、工作和生活方式，以及消费水平等相关数据信息。下面我们以实际案例——为孕妇打造一款高端座椅为例，介绍如何甄别用户——懂用户（图6-30）。

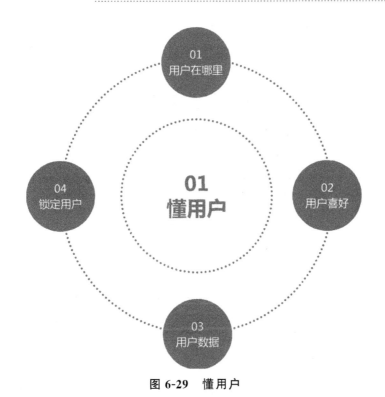

图 6-29　懂用户

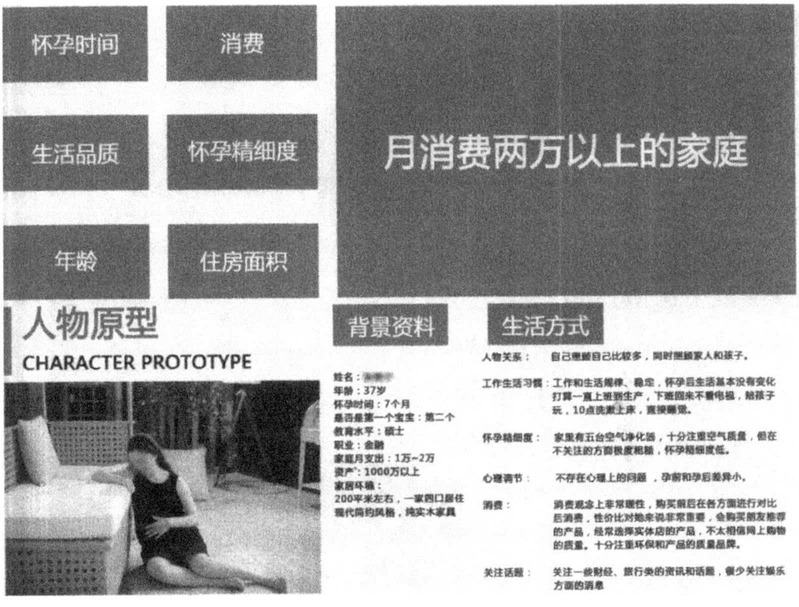

怀孕时间　消费

生活品质　怀孕精细度

年龄　住房面积

月消费两万以上的家庭

人物原型
CHARACTER PROTOTYPE

背景资料　生活方式

图 6-30　甄别用户

　　LKK 洛可可为孕妇打造设计一款高端座椅。该项目需求售价：1万～3万，以提升 Bobie 在中国市场上的知名度。首先要找到用户，进行用户研究——甄别用户，制定硬性的条件——月收入两万以上，通过消费和生活品质等来对用户进行分级定位，锁定用户后，对用户进行深度访谈，制作人物原型，并对访谈进行分析，对切入点进行评估。

　　通过 500 份调查问卷，结合甄别的硬性条件，对用户进行了分类，最终通过 8 个用户进行了深入访谈，收集了重要的用户信息，为高端孕妇座椅的设计提供了参考。

　　图 6-31 是以用户为中心的第二步"挖痛点"。做好一个产品，要从用户需求、痛点分析入手。一个优秀的工业设计师，除了要有好的设计思路，还要了解用户的需求和痛点，重要的是发现用户在使用产品时的体验问题，提出有效的解决办法，有针对性地对产品进行创新设计。例如色彩、材质、大小、形态这些比较浅显

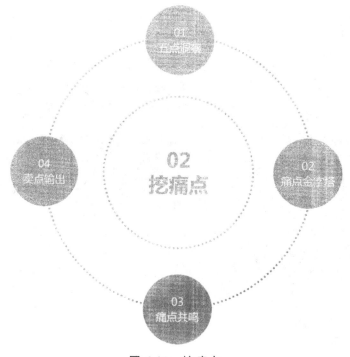

图 6-31　挖痛点

的需求是明确的,是可以迅速被发掘的,而很多潜在的需求和痛点却往往难以被捕捉到。比如下面 C 形雨伞的案例就是在解决我们生活中下雨时打伞不能玩手机的痛点(图 6-32)。

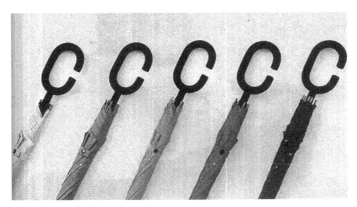

图 6-32 雨伞的 C 形态

对于每天无时无刻不在看手机的人来说,每当下雨时撑伞无法使用手机都是我们的一个痛点,怎么才能解放出我们的双手,解决下雨天看手机的问题呢?设计师采用了 C 形的雨伞把手,可以套在手臂上,解决了下雨打伞玩手机的一个痛点(图 6-33)。

图 6-33 痛点解决

图 6-34 是以用户为中心的第三步"讲故事"。一个好的产品一定有一个好的创意故事,好产品不仅能满足消费者物质上的需

求,还能满足消费者精神情感上的需求。我们既能通过产品了解产品背后的故事,又能通过故事来映射产品,往往一个故事可以使人与产品两者之间达到一种情感共鸣,从而使客户产生购买的欲望。之所以一些旅游产品、文创产品能畅销,也是因为产品背后的故事能和产品很好地融合在一起。

图 6-34　讲故事

图 6-35 是以用户为中心的第四步"爆产品"。一款全新的产品很多时候是依靠科技的创新来驱动和引爆的,往往一项科技的进步能够带来巨大的产品市场。设计师应时常关注科学技术领域的资讯,借助新的科学技术研发设计一款新产品,快速占领市场,取得最大的产品价值和社会价值。下面是由洛可可和百度共同打造的一款可以解决健康饮食的方案产品——百度筷搜(图 6-36)。

"百度筷搜不同于普通的便携式智能硬件,其价值还在于发掘出真正有价值的健康生活大数据。依托于百度搜索和大数据分析能力,百度筷搜收集的食品安全数据,将真正解决消费痛点,在日常生活中随时随地满足用户对更高质量健康生活的渴求。"过去,我们对食品安全或者健康有疑问的时候,只能通过文本的方式去搜索,现在有一个智能硬件设备可以用来直接采集信号进行搜索,每一次对食品安全和健康方面的检测都是一种新型的搜索。

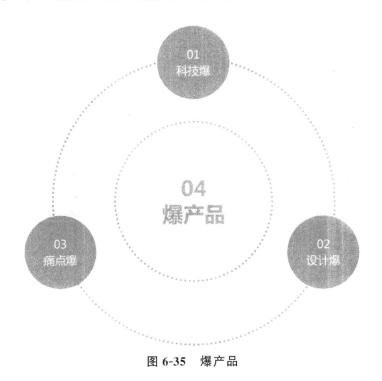

图 6-35　爆产品

图 6-36　百度筷搜

在进行了一系列的科技引爆后,就到了下图所示的以用户为中心的第五步"轻制造"(图 6-37)。设计要考虑产品的使用材料和表面处理工艺,应首选成熟的加工制造工艺,以减少和缩短设计研发成本和设计周期,提高效率,从而实现产品快速上市的计划。下图为洛可可的 55°杯,一个杯子创造了 50 亿的产值(图 6-38)。

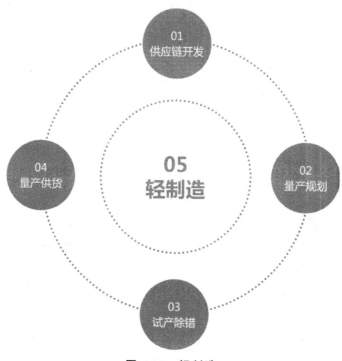

图 6-37　轻制造

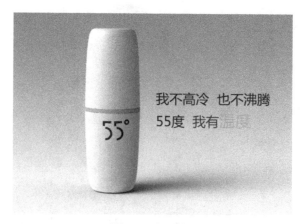

图 6-38　55°杯

　　55°杯在材质上采用了食品级 PP 和不锈钢材质,以及微米级传热材料,当水温高于 55°时,能快速地把热量传导到杯壁并储存起来。选择了在杯子行业中有十几年经验的生产商,进行结构设计优化、模具的开发。试模、小批量生产、表面加工工艺的处理,并保证产品品质的细腻等。

第七章　形态设计语义与传达的创新应用

　　形态的创新语义传达离不开现代科技,也离不开设计者对于产品结构的创新,以及形态修辞手法的运用。为此,本章从虚拟现实建模技术、计算机辅助设计中的材质与色彩、产品结构创新、形态设计修辞方法的运用等几个方面探讨形态设计语义的创新应用。

第一节　以现代科技技术为载体的语义传达创新

一、虚拟现实技术在产品形态中的应用

(一)环境建模技术

　　用户与虚拟现实系统的交互都是在虚拟环境中进行的,用户需要完全沉浸在虚拟环境之中,所以虚拟环境的建模是虚拟现实技术的核心内容。虚拟现实系统中环境的建模与传统的图形建模有相似之处,例如:都需要真实可信的三维模型。但虚拟现实系统中的环境建模还有其特殊要求,例如:虚拟环境中的物体种类繁多,需要各种几何模型的表示方法和建模技术;虚拟环境中的物体都有自己复杂的行为属性,而不是简单的静态物体;虚拟环境中的物体都有自己的交互特性,当用户与其交互时,它应该做出适当的反应。

所以除了三维模型的几何建模之外，虚拟现实系统中的环境建模还包括物理建模和行为建模。几何建模仅仅是对三维模型几何形状的表示，而物理建模则涉及物体的物理属性，行为建模还会涉及三维模型的物理本质及其内在工作机理。

1.几何建模技术

几何建模技术的研究对象是物体几何信息的表示与处理，它涉及几何信息的数据结构及其操作算法。虚拟现实系统要求物体的几何建模必须快捷和易于显示，这样才能保证交互的实时性。

目前，在微观上，常用的几何模型表示方法包括体素表示法和面片表示法。体素表示法将几何模型细分为三维空间中的微小颗粒，这些颗粒可以是球体、四面体、立方体等。这种体素表示法能够描述模型的内部信息，便于表达模型在外力作用下的特征（变形、分裂等），但计算时间和空间复杂度较高。面片表示法用多边形面片表示模型的表面形状，一般采用三角面片。这种方法操作简单、技术成熟。

对于虚拟现实系统而言，很少会基于这些方法自己动手开发几何建模软件，而是借助一些现有的图形软件，例如：3DS Max、Maya、AutoCAD、Image Modeler 等；或者借助一些成熟的硬件设备，例如三维扫描仪等。需要注意的是，这些软件和硬件都有自己特定的文件格式，在导入虚拟现实系统时需要做适当的文件格式转换。

除此之外，很多程序语言本身就支持三维模型表示和绘制，例如：OpenGL、Java3D、VRML 等。这些语言对三维模型的表示和处理效率高，实时性好。

2.物理建模技术

虚拟现实系统中的模型不是静止的，而是具有一定的运动方式。当与用户发生交互时，也会有一定的响应方式。这些运动方式和响应方式必须遵循自然界中的物理规律,例如:物体之间的碰撞反弹、物体的自由落体、物体受到用户外力时朝预期方向移动等。上述这些内容就是物理建模技术需要解决的问题,即:如何描述虚拟场景中的物理规律以及几何模型的物理属性。

(二)真实感绘制技术

虚拟现实系统要求虚拟场景具有一定的真实感,这样用户才能有身临其境的感觉。所以,真实感绘制的主要任务就是模拟真实物体的视觉属性,包括物体表面的光学性质、纹理、光滑度等属性,从而使得最终画面的效果尽量接近真实场景。

传统的真实感绘制算法不考虑时间成本,只追求绘制画面的最终质量;而在虚拟现实系统中,绘制算法需要具有实时性。所以,虚拟现实系统常采用如下方法提高画面的真实感。

(1)纹理映射。纹理映射是将纹理图像贴在简单物体的几何表面上,以近似描述物体表面的纹理细节。它是一种改善真实性的简单措施。

(2)环境映射。环境映射是指,将物体所处位置的全景图贴在其表面上,从而表达出该物体表面的镜面反射效果和规则投射效果。

(3)反走样。走样是指由于光栅显示器的离散特性,引起几何模型边缘的锯齿性失真现象。反走样技术的目标就是消除这种现象。一个简单的方法就是,以两倍分辨率绘制图形,然后通过平均求值的方式计算正常分辨率的图形;另一个方法是对相邻像素值进行加权求和,得到最终像素值。

除了上述简单方法,其他复杂的真实感绘制技术还包括物体表面的各种光照建模方法,例如:简单光照模型、局部光照模型、全局光照模型等。从绘制算法上看,还包括模拟光线实际传播过程的光线跟踪算法,模拟能量传播的辐射度算法等。

(三)人机自然交互技术

虚拟现实系统强调交互的自然性,即在计算机系统提供的虚拟环境中,人应该可以使用眼睛、耳朵、皮肤、手势和语音等各种感觉方式直接与之发生交互,这就是虚拟环境中的自然交互技术。

1.手势识别技术

手势是一种较为简单、方便的交互方式。如果将虚拟世界中常用的指令定义为一系列手势集合,那么虚拟现实系统只需跟踪用户手的位置以及手指的夹角就有可能判断出用户的输入指令。

在虚拟现实系统的应用中,由于人类手势多种多样,而且不同用户在做相同手势时其手指的移动也存在一定差别,这就需要对手势命令进行准确定义。图 7-1 显示了一套明确的手势定义规范。在手势规范的基础上,手势识别技术一般采用模板匹配方法将用户手势与模板库中的手势指令进行匹配,通过测量两者的相似度来识别手势指令。

手势交互的最大优势在于,用户可以自始至终采用同一种输入设备(通常是数据手套)与虚拟世界进行交互。这样,用户就可以将注意力集中于虚拟世界,从而降低对输入设备的额外关注。

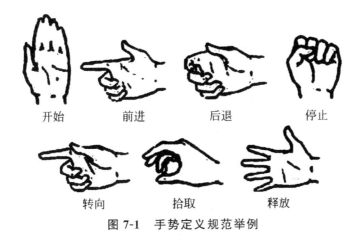

开始　　　　前进　　　　后退　　　　停止

转向　　　　拾取　　　　释放

图 7-1　手势定义规范举例

2.面部表情识别技术

目前,计算机面部表情识别技术通常包括 3 个步骤:人脸图像的检测与定位、表情特征提取、表情分类。

人脸图像的检测与定位就是在输入图像中找到人脸的确切位置,它是人脸表情识别的第一步。人脸检测的基本思想是建立人脸模型,比较输入图像中所有可能的待检测区域与人脸模型的匹配程度,从而得到可能存在人脸的区域。

表情特征提取是指从人脸图像或图像序列中提取出能够表征表情本质的信息,例如:五官的相对位置、嘴角形态、眼角形态等。表情特征选择的依据包括:尽可能多地携带人脸面部表情特征,即信息量丰富;尽可能容易提取;信息相对稳定,受光照变化等外界的影响小。

表情分类是指,分析表情特征,将其分类到某个相应的类别。在这一步开始之前,系统需要为每一个要识别的目标表情建立一个模板。在识别过程中,将待测表情与各种表情模板进行匹配;匹配度越高,则待测表情与该种表情越相似。图 7-2 显示了一种简单的人脸表情分类模板,该模板的组织为二叉树结构。在表情识别过程中系统从根结点开始,逐级将待测表情和二叉树中的结点进行匹配,直到叶子结点,从而判断出目标表情。

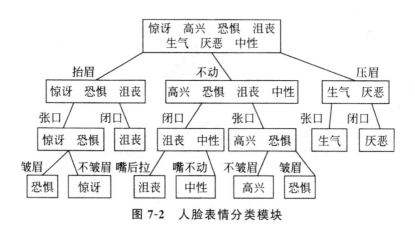

图 7-2　人脸表情分类模块

在表情分类步骤中,除了模板匹配方法,人们还提出了基于神经网络的方法、基于概率模型的方法等新技术。

3.眼动跟踪技术

虚拟现实系统中视觉感知主要依赖于对用户头部方位的跟踪,即当用户头部发生运动时,系统显示给用户的景象也会随之改变,从而实现实时视觉显示。但在现实世界中,人们可能经常在不转动头部的情况下,仅仅通过移动视线来观察一定范围内的环境或物体。从这一点可以看出,单纯依靠头部跟踪的视觉显示是不全面的。

在虚拟现实系统中,将视线的移动作为人机交互方式不但可以弥补头部跟踪技术的不足之处,同时还可以简化传统交互过程中的步骤,使交互更为直接。例如,视线交互可以代替鼠标的指点操作,如果用户盯着感兴趣的目标,计算机便能"自动"将光标置于其上。目前,视线交互方式多用于军事(如飞行员观察记录等)、阅读以及帮助残疾人进行交互等领域。

支持视线移动交互的相关技术称为视线跟踪技术,也叫作眼动跟踪技术。它的主要实现手段可以分为以硬件为基础和以软件为基础两类。以硬件为基础的跟踪技术需要用户戴上特制头盔、特殊隐形眼镜,或者使用头部固定架、置于用户头顶的摄像机等。这种方式识别精度高,但对用户的干扰很大。

4.各种感觉器官的反馈技术

目前,虚拟现实系统的反馈形式主要集中在视觉和听觉方面,对其他感觉器官的反馈技术还不够成熟。

在触觉方面,由于人的触觉相当敏感,一般精度的装置根本无法满足要求,所以对触觉与力觉的反馈研究还相当困难。例如接触感,现在的系统已能够给身体提供很好的提示,但却不够真实;对于温度感,虽然可以利用一些微型电热泵在局部区域产生冷热感,但这类系统还很昂贵;对于力量感觉,很多力反馈设备被做成骨架形式,从而既能检测方位,又能产生移动阻力和有效的抵抗阻力,但是这些产品大多还是粗糙的、实验性的,距离实用尚有一定距离。

在味觉、嗅觉和体感等感觉器官方面，人们至今仍然对它们的理论知之甚少，有关产品相对较少，对这些方面的研究都还处于探索阶段。

二、计算机辅助设计中的材质与色彩

（一）计算机辅助工业设计的材质

1.材料的分类

材料的分类方法有很多，有按照物理状态划分的材料，有按照用途划分的材料，这里主要按材料的来源划分进行简单介绍，并对金属材料、非金属材料、功能材料等进行简单概括。

按材料的来源划分可以分为天然材料、人造材料、综合材料。天然材料指天然形成，在未经加工或几乎未经加工的情况下即可使用的材料。这类材料又可以分动物材料、植物材料、矿物材料等。

动物材料有皮、毛、丝、骨、角等。不同动物的骨骼在构造上极为接近。这是因为许多动物之间，包括与人类之间都存在机能上的类同性。这是自力量进行了有机的设计。在天然材料运用中，皮在日常生活中也是比较普遍的。骨架结构和皮结构引申到建筑设计中则具有相当重要的意义，无论是摩天大厦还是平房小屋，首先要有柱和梁支撑，早期是木材，现在是钢筋水泥，形成的依然是一个框架结构，然后是装饰，最后才是设计作品的完成。

植物材料有木、棉、竹、漆、草、麻等。木材环保、材质轻、弹性好、韧性高、易加工，是自然材料中和人关系最为密切的天然材料之一，它给人温暖柔和、花纹自然和色泽朴素的视觉和触觉肌理美感，在现代设计中经常用此素材。由于木材是自然的有机材料，故也容易变形开裂，易蛀易燃（图7-3）。

图 7-3　木材肌理在设计中的运用

　　纸采用的是天然植物纤维原料,具有质地随和、光滑简洁和容易加工的特点,是现代生活不可缺少的材料,用它来制作装饰绘画是理想的材料,在广告设计等领域也经常被用到。

　　矿物材料有土、石、玉、金属等,金属材料坚固耐久、质感丰富、品种繁多,随着科技的进步,金属材料会越来越发挥它的优越性。如不锈钢、铝合金、太空铝等金属材料,它们锃亮、坚硬、耐磨、耐腐蚀的物理和机械性能,都给人以刚毅、冷酷、时代感的基本语义。另一类金属如黄金、银、白金等具有高贵感,更是一种财富地位的象征。

　　玻璃既可产生视觉的穿透感,也可产生效果极佳的隔离效果;既有晶莹剔透的明亮,也有若隐若现的朦胧美;既可营造温馨的气氛,也可产生活泼的创意表现,能够产生光怪陆离、浪漫、梦幻般的感觉(图 7-4)。

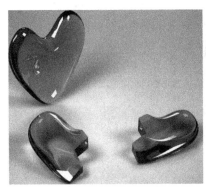

图 7-4　三维玻璃器皿设计

　　胶合板是用三层或多层奇数的单板热压胶合而成,各单板之间的纤维方向相互垂直、对称。胶合板的特点是幅面大,平整、不易干裂、纵裂和翘曲,适用于制作大面积板状部件。

　　金属材料,金属材料是指金属元素或以金属元素为主构成的具有金属特性的材料的统称,包括纯金属、合金、金属材料和特种金属材料等。最常见的就是金、银、铜、铁、锡,以及工业化社会普遍使用的钢管、铝材。如果没有铝合金的出现,飞机的设计构想恐怕很难成为现实(图 7-5)。

图 7-5　飞机用铝材主要是铝合金厚板

　　非金属材料,非金属材料是由非金属元素或化合物构成的材料,如水泥、陶瓷、橡胶(图 7-6)、合成纤维、玻璃等。

图 7-6　飞机轮胎

功能材料主要有电工材料、光学材料、耐腐蚀材料、耐火材料等。光学材料是用来制作光学零件的材料,如光学晶体(图 7-7)、光学塑料等。

图 7-7 光学晶体

2.计算机辅助材质设计原理

(1)基于色光的材质设计

材质表现离不开光。没有任何光线照射的物体看起来是漆黑一片的,人眼没有任何感觉,再漂亮的材质也体现不出来。从光学角度讲,材质就是从物体反射的光刺激人眼后产生的感觉。这个感觉取决于两个方面,一方面是光,另一方面是材料的反射特性。现实世界中的光很复杂,为了简化问题,人们建立了很多光学模型。最常见的是把光分解成红、绿、蓝三原色,相应地,对材料的反射特性也根据这个方法进行相应的分解。一般的计算机辅助材质设计就是采用红、绿、蓝三原色的反射特性的不同,构成不同的材质,这种表现材质的方法对于计算机辅助材质设计非常有用。

(2)基于色光的材质参数模型

与光线对应,材质具有独立的环境反射、漫反射和镜面反射颜色成分,分别决定了材质对环境光、漫反射光和镜面光的反射能力。

(3)利用材质参数模拟常见物质

根据上述材质模型,通过试验的方法,调节模型中的参数(ambientC,diffuseC,specularC,shininessC),可以调整出逼真的材质效果。图 7-1 为计算机模拟铝、黄铜、青铜、金的材质效果。

表 7-1　用试验方法得到的部分材质的参数

效果	ambientC （R,G,B,A）	difluseC （R,G,B,A）	specularC （R,G,B,A）	shini- nessC
铝	0.30,0.30,0.30,1.00	0.30,0.30,0.50,1.00	0.70,0.70,0.80,1.00	10.0
铜	0.26,0.26,0.26,1.00	0.30,0.11,0.00,1.00	0.75,0.33,0.00,1.00	12.0
金	0.40,0.40,0.40,1.00	0.22,0.15,0.00 1.00	0.71,0.70,0.56,1.00	10.0
铅	0.30,0.30,0.30,1.00	0.23,0.23,0.23,1.00	0.35,0.35,0.35,1.00	15.0
陶瓷	0.45,0.45,0.45,1.00	0.70,0.70,0.70,1.00	0.20,0.20,0.20,1.00	12.0
蓝塑料	0.31,0.31,0.31,1.00	0.12,0.10,0.55,1.00	0.20,0.20,0.20,1.00	15.0
红塑料	0.31,0.31,0.31,1.00	0.60,0.10,0.10,1.00	0.20,0.20,0.20,1.00	15.0

3.基于纹理映射的材质设计

（1）纹理映射原理

基于色光的材质设计很好地说明了计算机辅助材质设计的基本原理，但是在实际设计过程中更多地使用纹理映射来实现材质，这是由于对物体赋予通过调节基本材质参数而得到的材质，物体就会表现出一定的真实感（图 7-8）。

(a)木纹效果　　　　(b)石材效果　　　　(c)斑马纹效果

图 7-8　木纹、石材及斑马纹的材质效果

（2）材质贴图法

以材质设计为目的的贴图称为材质贴图。其主要贴图类型如下：

①Bitmap 贴图：这是最直接的一种贴图方式。首先通过图像

确定贴图位置，即指定贴图坐标，将图像直接贴在物体上。

　　②材质类贴图：这种贴图指的是如 Marble 贴图、Water 贴图、Wood 贴图、Smoke 贴图等类型。通过程序实现真实材质的模拟，适当调节其参数，则可以调出非常逼真的材质效果。

　　③效果类贴图：这种贴图指的是 Noise 贴图、Dent 贴图等类型。这也是一种程序式贴图，但它模拟的是现实世界中的某种效果。

　　④灰度类贴图：这种贴图指的是如 Mask 贴图、Bump 贴图等类型。这种贴图利用的是图像中的深度信息。Mask 贴图由深度信息来决定物体中原有颜色的可见程度，而 Bump 贴图则利用图像的灰度信息来控制物体的凸凹程度。

　　（3）贴图坐标

　　贴图坐标使用 U、V、W 来代表坐标轴，U、V、W 坐标平行于 X、Y、Z 坐标的相对位置。如果观察一个 2D 贴图，会发现 U 相当于 X，代表贴图的水平方向；V 相当于 Y，代表贴图的垂直方向；W 相当于 Z，代表垂直于贴图之 UV 平面的方向。如图 7-9 所示。

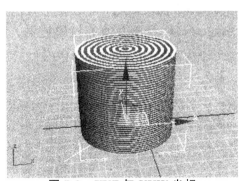

图 7-9　XYZ 与 UVW 坐标

　　贴图坐标一般有以下几种基本类型：

Planar（平面式）。

Cylindrical（圆柱式）。

Spherical（球体式）。

Shrink-wrap（收缩包裹式）。

Box（方体式）。

Face（面式）。

Planar 直接将图像映射到平面上；Cylindrical 用图像包裹住对象的侧面，而图像重复的部分会扭曲显示于上下两端的平面上；Spherical 是用图像包裹住整个对象，在它的顶端及底部收敛起来；Shrink-wrap 与 Spherical 类似，但只留下一个收口；Box 是从 6 个方向应用的平面贴图；Face 把贴图分别贴在模型的每一个面上。

（4）纹理贴图中间框架

纹理映射本质上是一个映射过程，对于复杂一点的物体表面，如果直接进行纹理空间到物体空间的映射，纹理则难以控制。为了对映射纹理进行有效控制，需要利用中间框架对纹理作进一步的控制，这样，就把原来从纹理空间（TextureSpace）到物体空间（ObjectSpace）的一步映射变成了从纹理空间到中间框架再到物体空间的两步映射，即

map 1：TextureSpace→MiddleFrame

map 2：MiddleSpace→ObjectSpace

纹理贴图的中间框架通常有平面框架、立方体框架、圆柱体框架和球形框架几种类型，可根据待施加纹理的物体形状自行选取适当的中间框架。下面以圆柱体框架为例，说明此种材质设计方法的过程。如图 7-10 所示。

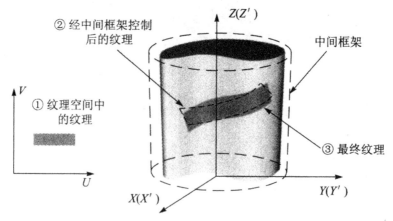

图 7-10　中间框架对纹理的控制示意图

4.计算机辅助材质设计实例

机床控制面板效果图如图 7-11 所示。从效果图可以看出,该控制面板造型较简单,由一些基本体素组合而成,此时材质设计就非常重要,对最终设计效果具有显著的影响。

暗紫红色的托板、灰色的贴板、急停开关等均使用基于色光的方法实现材质设计效果仿真。控制面板中的显示屏显示了加工中心操作过程中的某个状态画面,其材质设计使用基于纹理映射的贴图方法实现。把手的材质需要综合色光材质模型和贴图材质对其进行设计,设计过程如下。

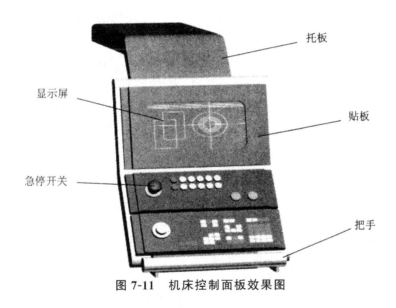

图 7-11　机床控制面板效果图

(1)选择各部件的材质

依据材质设计导则及产品材质设计细则,按产品材质设计流程,首先需要在分析设计需求的基础上,选择各部件的材质。

控制面板是机床部件中与人关系最为密切的界面,总体要求布局合理、色彩和谐、显示清晰、操作方便、安全可靠。具体到材质,则要求能够满足环境要求、触感舒适、结构坚固、易于维护及清洁;同时从质感中可以体现出工业领域的标准化及冷静感。除此之外,还应考虑操作者的心理感受,材质、色彩应体现人性化的特点。

对总体要求分析后,可按照材质设计细则,进一步选用、搭配控制面板的各部件材质。如细则(5)要求"各部位材料表面有对比的变化,形成材质对比、工艺对比、色彩对比",在此实例中,托板选用暗紫红色亚光钣金,显示面板选用拉丝灰色不锈钢贴板,把手选用高光不锈钢,3个组件在材质、色彩、工艺上均有变化。

(2)制作三维草模并进行材质仿真

按产品材质设计流程,在各部件材质确定后,制作三维草模并进行材质仿真。具体的步骤如下。

①托板材质仿真

在场景中选中托板。选取物体的方法很多,可以直接在场景中单击进行选取;也可以用 Select by name 工具,依据部件名称进行选取。选中后的物体将被一个立方体框架所包围,以区别于其他未选中的物体,如图 7-12 所示。

图 7-12　选取物体

在工具栏上单击 Material Editor 按钮,打开材质编辑器,如图 7-13 所示。

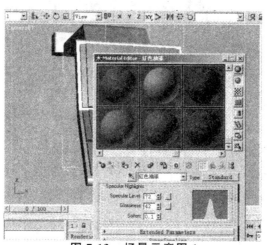

图 7-13　场景示意图 1

在材质编辑器上选择一个材质球,命名为"托板材质"。此时,被选中的材质球被一个白色的方框所包围,表示该材质是当前正在被编辑的材质,如图7-14所示。

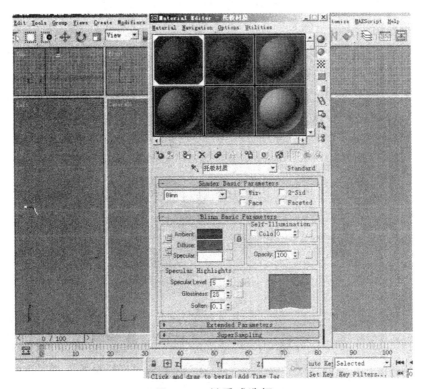

图7-14 材质球选择

调节色光模型中的材质基本参数。带白色方框的球体为正在编辑的样本球体,它可以实时地表现它所代表的材质,在材质编辑器的参数列表中,Ambient为材质模型中的环境色,Diffuse为漫反射色,Specular为高光色,Specular Level用于控制高光的强度,Glossiness用于控制高光的范围,Soften用于控制高光区的过渡效果,如图7-15所示。

调节参数完成后,可以看到被编辑的材质球显示出光洁的桃红色油漆的材质效果。单击材质编辑器中的Assign material to selection按钮,将材质赋给托板。托板材质仿真效果如图7-16所示。

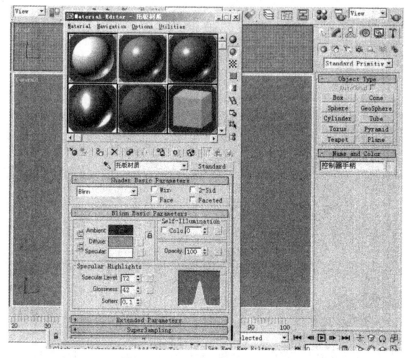

图 7-15　材质球的材质基本参数

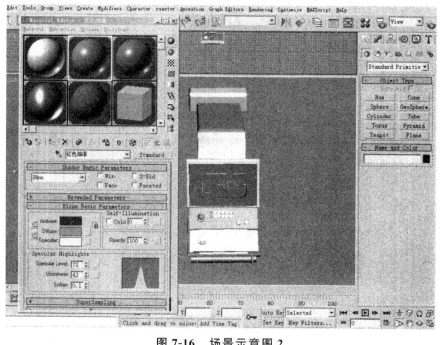

图 7-16　场景示意图 2

②显示屏材质仿真

同步骤①,选取显示屏,打开材质编辑器。

选择一个材质球,命名为"显示屏材质",单击材质编辑器中的 Assign material to selection 按钮,将此材质赋给显示屏,此时的场景如图 7-17 所示。

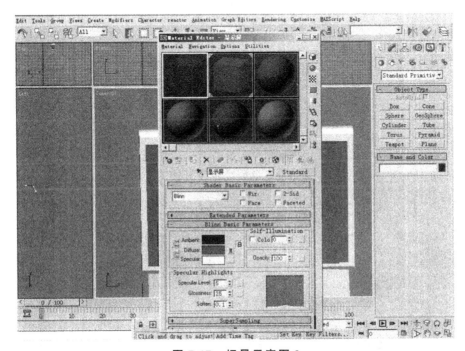

图 7-17　场景示意图 3

编辑"显示屏材质"。与上例不同,在此例中,调节的不是色光材质模型中的基本参数,而是直接以一张图片来代替材质。单击 Diffuse 旁边的按钮,从弹出的材质浏览器中选择编辑好的一张图片。

改变材质球的形状为立方体,便于观察贴图状态。

调节图中的子物体 Gizmo 贴图投影面,映射类型等,如图 7-18 所示。观察场景中显示器的材质变化,选择合适的贴图坐标,并调整贴图位置。

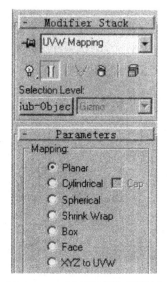

图7-18 映射类型控制面板

　　单击材质球下面的 Show map in viewport 按钮,将贴图材质在场景中显示出来,被编辑的显示屏上显示出此前选择的图片,如图7-19所示。

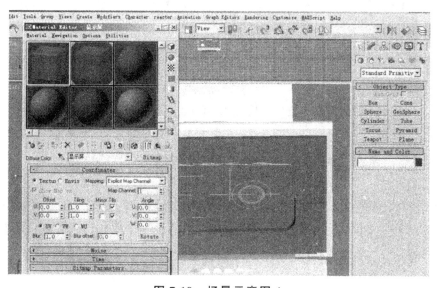

图7-19 场景示意图4

③把手材质仿真

选取把手，打开材质编辑器。调节色光参数，如图 7-20 所示。

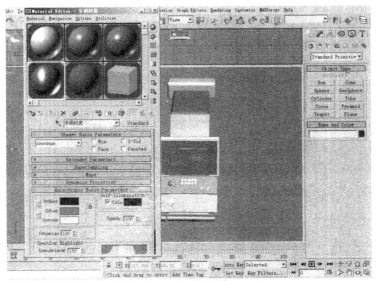

图 7-20　场景示意图 5

　　添加反射贴图材质。打开贴图材质面板，单击 Reflection 旁边的按钮，浏览并选择所需要的图片，如图 7-21 所示。

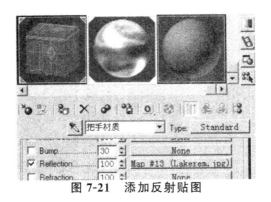

图 7-21　添加反射贴图

　　进一步调整 Reflection 右边的微调按钮，可以混合基本材质与反射贴图材质的综合效果，从材质球上可以实时观察最终的材质效果，直至调整出光洁的金属材质效果。

单击材质编辑器中的 Assign material to selection 按钮,将材质赋给把手。把手材质效果如图 7-22 所示。

图 7-22　把手材质效果图

④后期处理

经过评价,若此方案尚未达到预期目标,则进入后期处理程序。在后期处理过程中,可根据产品材质设计细则进行详细修改。

需要说明的是,机械地去学习、记忆材质设计软件中的各种参数是非常困难的,初学者一定要在理解材质设计的基本理论的基础上多加实践,才能掌握材质设计方法。

(二)计算机辅助工业设计的色彩

1.色彩定性表达

(1)视觉语言定性表达

人类能够辨别 200 多万种色彩,自然语言能直接表达的色彩非常有限,一般限于生活中常用的色彩。例如用红、橙、黄、绿、青、蓝、紫表达自然界所有色彩时,红色表达具有红色色相的所有色彩;用红、绿、蓝表示三原色时,红特指纯红色颜料或单指红色色相。尽管使用红、橙、黄、绿、青、蓝、紫等色彩名称把色彩分成了 7 个不同的色彩区域,但它们表示的色彩范围较大,具有模糊、不确定,甚至歧义性。自然语言的组合性与逻辑性特点是对其模糊、不确定性的弥补,例如可以用枣红、火红、暗红、通红直接表达色彩,也可以用比较红、太红、不够红等逻辑性语言在特定场合下表达色彩信息。

（2）心理语言定性表达

语言除了能表达色彩的色相、明度、饱和度三属性，还能够表达更深层面的生理和心理色彩信息。从认知学角度看，色彩心理语言（语义）表达的深度分 3 个层次。

①共感觉（Synesthesia）。色彩心理语义表达的第一个层次是共感觉。色彩的共感觉存在广泛，常见的有色彩温度感、色彩距离感、色彩轻重感、色彩强弱感以及色彩味觉、色彩嗅觉等，因此，色彩感觉可以通过其他感觉描述。例如，色彩可以用冷暖感觉描述：红色给人温暖的感觉，可以用温暖、热、暖色来表达；蓝色给人凉爽、冰冷的感觉，可以用凉爽、冷、冷色来表达。

②联想（Association of ideas）。色彩心理语义表达的第二个层次是联想事物。色彩感觉本身以及共感觉与某些事物有联系，从而形成丰富的联想。例如，血是红色的，看到红色会联想到鲜血；红色是暖的、热的，这是色彩温度感，又因为暖、热，从而联想到火、太阳。对同一色彩的联想事物往往因人而异，这种色彩联想的个性差异取决于性别、年龄、文化程度、个人经验等。另外，色彩的联想受历史文化、自然风物的影响，在某一特定地域存在很大的共性。作为一名设计师，在设计产品色彩时，需要权衡色彩联想的个性与共性的作用。

③象征（Symbol）。色彩心理语义表达的第三个层次是象征。一旦某种色彩联想与该社会的文化紧密结合，就会被固定为一种象征符号，色彩象征比联想有更多的文化和社会性。例如在中国，红色象征革命、喜庆，白色被视为不吉利、恐怖或悲哀，因此结婚庆典上多用红色，丧事多用白色；在日本传统婚礼上，新娘通体挂白，白冠、白屐，新郎浑身披黑，左右胸前绣白花。色彩象征在不同社会、不同国度表现不同，具有歧义性。古代中国曾用青、朱、白、玄（黑）象征四季和四方，故有"青春、朱夏、白秋、玄冬"以及"东为青龙，南为朱雀，西为白虎，北为玄武"之说。色彩象征具有广泛的社会性、民族性，在产品中使用象征色时需要谨慎选择。

2.色彩定量表达

为了使色彩表达更直观,易于辨识,人们根据色彩建立了相应的量化表达体系,并建立了量化模型,也称色立体或色彩空间。在计算机软件中,根据不同的需要可选用不同的色彩空间来记录、显示、传递色彩信息。常见的色彩模型包括 RGB(图 7-23),CMYK,$L^x a^x b^x$ 以及 HSB。

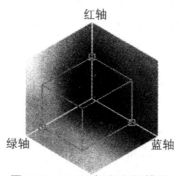

图 7-23　RGB 色彩空间模型

3.图像色彩效果显示与处理

(1)图像的概念

矢量图是用数学的方式来描述一类图形。编辑这种矢量图形的软件通常称为绘图程序,如 Autodesk 公司开发的 AutoCAD 软件,Corel 公司开发的 CorelDRAW 软件。矢量图可以分解为点、线、面等基本几何元素。图形元素可以被移动、缩放、旋转、复制、改变形状、改变属性(如线条的宽窄、色彩等)。

(2)色彩深度

色彩深度,又称位深度或像素深度、图像深度,是指位图中记录的每个像素点所占的位数,即某色彩编码所占地址位数目。显示深度表示显示缓存中记录屏幕上一个点的位数(Bit),与计算机系统设置的显示模式有关。

（3）色彩分辨率

①图像分辨率

图像分辨率指组成一幅图像的像素点的密度，用每英寸的像素点数表示。对于同一尺寸的图像，像素点数越多，像素点的密度越大，图像数据量越大。位图可以通过对自然图像进行模数转换（模拟信号转换成数字信号）的方式来获取，这个过程称为图像的数字化。

②显示分辨率

不管矢量图还是位图，最终都需要通过显示器显示。显示分辨率是指显示屏幕上显示图像的区域的像素点数目。

③分辨率与图像文件大小

分辨率越高，细节表现越细腻，色彩层次越丰富，相应的图像数据量（即图像容量）也越大，大小可用下面的公式来计算：图像数据量＝图像的总像素×图像深度/8（Byte）。例如，一幅 640 像素×480 像素、真彩色的图像，其文件大小约为 640×480×24/8＝1（MB）。

由于图像数据量很大，因此，数据的压缩就成为图像处理的重要内容之一，人们研究出多种图像压缩方法并定义对应的文件格式。

在图像色彩设计与处理过程中，要考虑的重要因素：一是图像的容量，二是图像显示或打印输出的色彩效果。图像的分辨率越高、图像深度越深，数字化后的图像效果越逼真、图像数据量越大，同时图像占用的存储空间和计算时间以及其他计算机资源也越多。因此，在工业设计色彩效果输入、输出、处理、表达或展示时，更应考虑好图像容量与色彩效果的关系。

4.图像模式用法

计算机监视器上显示的色彩由红、绿、蓝 3 种色光混合产生。在进行色彩设计时应该使用 RGB 色彩模式，如使用 PhotoShop 图像处理软件输出，可在图像上方标题栏内显示这一信息；如果是其他模式，可在 Mode 菜单中单击 RGB 命令。对于待打印的图像，用 RGB、Lab、HSB 或 Indexed Color 作为图像色彩模式均不合适，原因在于：Lab 模式仅限于 Level2 postscript 等几种打印机，一般的彩色打印机均不能识别；Indexed Color 模式是一种比较差的色彩模式，它将一幅图像的色彩限制在 256 种；RGB 和 HSB 是视频专用色彩模式，显示色彩空间比打印色彩空间要宽，提供给打印机一些无法准确表示的色彩；只有 CMYK 是一种分离图像，适合印刷、打印使用。

第二节　产品结构创新

一、产品结构设计的内容

（一）产品设计的结构因素

1.产品结构作用与特性

在产品形态的设计过程中，结构的创新是一个至关重要的程序，一个结构十分新颖的产品通常都能够以其强大的视觉冲击力吸引消费者前来购买或者使人产生使用的欲望。如图 7-24 中的 CD 架设计，结构就十分简洁巧妙，方便人们随时使用与收藏，从而获得了极好的市场效果。

图 7-24　创意 CD 碟架设计

结构是一种使产品功能能够实现的重要物质承担者，丰富着产品的形态。产品的结构具有三个特点，即层次性、有序性、稳定性。

结构的层次性主要是由产品的复杂程度来决定的，任意一种产品都是由若干个不同的层次所组成的，如汽车，有发动机、车身、底盘、操纵装置等，而发动机则能够分成缸体、缸盖、活塞、连杆等多个小的部件，从整体到局部，都具有不同的层次性，如图 7-25 所示。

图 7-25　发动机的层次性

有序性主要是指产品的结构都是目的性与规律性之间的统一，各个部分之间的组合和联系是根据一定的要求，有目的、有规律地建立起来的，绝非是一种杂乱无序的凑合，如图 7-26 所示的是一套健身器材，各种材料、部件之间的有序性组合，成为产品结构的一个十分重要的特征，也是实现功能的有力保证。

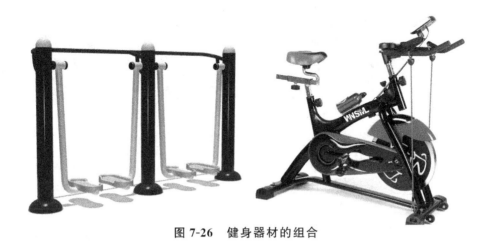

图 7-26　健身器材的组合

所有的产品结构都具有特殊的稳定性这个特征：产品作为一个有序性的设计整体，其材料、部件之间的相互关系始终处在一种平衡的状态之中,即便是在运动与使用过程中,这一平衡状态也始终得以保持着,它的存在和产品的正常功能发挥存在十分紧密的联系,也因为如此,产品才具有十分鲜明的牢固性、安全性、可靠性以及可操作性等多个方面的功能保障。

2.产品典型结构分类

(1)外观结构

外观结构也被人们称作外部结构,主要是通过材料与形式充分体现出来的,在某些特殊的情况下,外观结构并不是承担核心功能的结构,即外部的结构变化并不会直接影响到产品的核心功能:如电话机,不管款式、外部构造怎么进行变换,其语音交流、信息传输、接收信号等一些基本的功能是不会改变的,也因为其外观结构本来就是核心功能的承担者,其结构的形式直接和产品的效用存在密切的关系,如图 7-27 所示的自行车的结构。

图 7-27 自行车的结构

(2)核心结构

核心结构主要是指由某一种技术原理所形成的,具有核心功能的产品结构,也将其称之为内部结构。核心结构通常都会涉及一些比较复杂的技术问题,在产品中,以多种形式产生功效,或是功能块,或是元器件,如图 7-28 所示的吸尘器中所包含的各个组成元件,共同构成了它的工作原理,把它作为一个核心结构,并依此对外部结构进行设计,形成了一个具有完整使用功能的工业产品。

图 7-28 吸尘器

（3）系统结构

系统结构主要是指产品之间的各种关系之间的结构，是把若干个产品视为一个整体，把其中具有独立功能的产品组件视为一个个的构成要素，系统结构设计主要是物和物之间的"关系设计"，通常可以分为以下三种形式。

①分体结构。主要是相对于整体结构而言的，指的是同一总体功能的产品中，不同组件或者分体之间所呈现出来的关系。例如，电脑是由主机、显示器、键盘、鼠标以及一些外围的设备所构成的。

②系列结构：主要是指由若干个产品所构成的成套系列、组合系列、家族系列等系列化的产品形式。产品和产品之间是一种相互依存、相互作用的关系类型：如图 7-29 所示的就是一组系列产品。

③网络结构：主要是由若干个具有独立功能的产品之间进行有形或者无形的连接形式，构成了一种具有复合性能的网络系统。例如，电脑和电脑之间的连接，电脑服务器和若干个终端之

间的连接以及无线传输等。

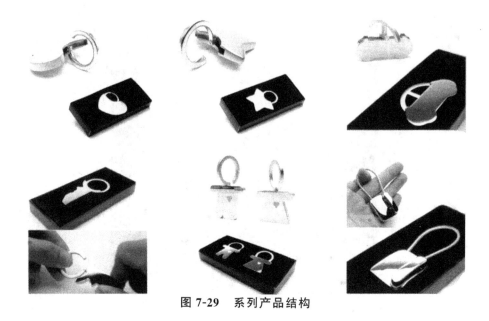

图 7-29　系列产品结构

3.结构设计中的注意事项

一个比较合理的结构设计一定是充分考虑其材料的特性,在特定的条件下充分发挥出其最大的强度。结构除了和组成的材料性质存在关联外,还和材料的形态之间存在密切的关系,不同型材、块材、线材、板材等,其强度之间也存在一定的区别。

（1）结构强度和材料形态之间的关系。两个材料相同、形态各异的物体,其强度也是不相同的,材料的结构强度和材料之间的整体体量形状也存在较大的关系。设计中应通过材料的形态结构变化,尽可能地发挥出材料的强度特性。

（2）结构强度和结构稳定之间的关系。结构强度和稳定性存在密切的关系。三角形结构属于最稳定的结构种类,在现实生活中,有不少产品或者机械系统大都采用的是三角形的结构原理,如自行车的车架设计,就是一个十分典型的三角形结构类型（图7-30）。

图 7-30　自行车架结构

（二）产品设计中的连接结构

在产品的形态设计过程中,存在着很多结构相互衔接的问题,由此便形成了一种复杂多样的连接结构类型,也正是由于有了这些不同的结构连接类型,使产品的形态与使用方式变得种类更加繁多,为产品的形态设计拓展了一个更加广阔的自由空间,如图 7-31 所示的手机在屏幕之间采用的就是一类不同的连接结构方式,出现了不同的造型与使用方式。

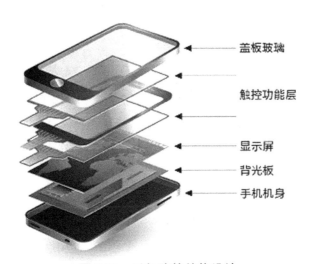

图 7-31　手机连接结构设计

（三）产品设计中的动、静连接结构

从产品的设计角度来看，对连接结构加以研究，掌握其中的特点与应用技巧，对设计师进行产品造型设计十分有利。

1.动连接的应用

（1）移动连接结构

移动连接主要是指构件沿着一条固定的轨道进行运动，设计过程中侧重于移动的可靠性、滑动阻力的设置以及运动精度的确定，主要应用在红抽屉、手机滑盖、桌椅的升降以及拉杆天线等具有伸缩功能的结构设计之中。

如图 7-32 所示，图（a）中的滑盖手机屏幕与键盘之间就是采用的移动连接结构；而图（b）中的塑料瓶压扁器，是一种技术含量相对较低的实用工具，其中的滑动连接结构设计运用，十分巧妙地实现了既定功能的运用，并使其外形十分简洁，操作变得比较简单。

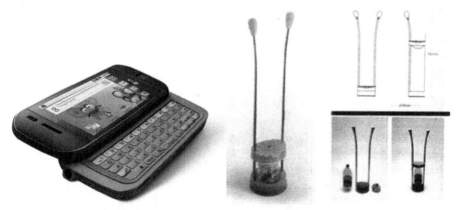

（a）新型滑盖手机　　　　　　（b）塑料瓶压扁器

图 7-32　移动连接结构在产品中的应用

（2）铰接

铰接采用的是一种转动连接的结构，常常用于连接转动的装置与产品结构。传统的铰链主要是由两个或者多个可移动的金属片构成。现代产品设计中的铰链相当数量都是由能够重复弯曲的单一塑料片所制成的,如洗发液包装容器的开盖与主体间进行的连接。

　　如图 7-33 所示,图(a)中是名为"鹿特丹"的金属桌子结构设计,九块折叠板分别由竖直铰链连接在一起,顶部敞开,紧缩的空间能够进一步消除传统桌面存在的必要性;图(b)中的设计是折叠台灯,铰链在这里的应用,使产品的工作状态与收藏状态都形成了极大的差别,产品的形态与体量也出现了比较大的变化。

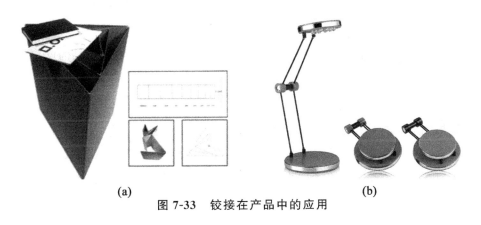

(a)　　　　　　　　　　　　　　(b)

图 7-33　铰接在产品中的应用

　　(3)风箱形柔性连接

　　柔性连接设计中允许一些被连接的零部件在位置、角度上在一定的范围中进行变化,或者连接构件能够形成一定范围的形状、位置变化但是却不影响运动所传递或者固定的关系。风箱形结构是这类连接的主要代表类型,是一种十分重要的运动连接结构。应用的范围主要分布在灯头、车的里程表、医疗器械、电源插座、软轴接头等产品中。

　　如图 7-34 所示的图(a)中垃圾桶的设计就是借鉴了折叠帽的形式与帐篷的材质,松开包装,它便能够完全弹展开来,弹性十分卓越的钢骨架的支撑,可以让整个垃圾桶折成一个平面,从而极大地减少了运输与包装的成本;图(b)中的纸灯笼设计也是风箱形柔性连接的典型;图(c)中的大篷车设计,当两侧都展开时,其体积能够增大两倍,透明的一侧是起居室,而不透明的一侧则为卧室,柔性连接的设计方式可以使产品更加巧妙实用。

2.静连接的应用

(1)可拆固定连接

可拆固定连接的结构主要有下列的特色:在使用过程中,能够十分方便地将产品的部件组装为一个整体,不用的时候,又能够将它们方便地拆除下来,不仅利于保管,而且也便于运输。

(2)伸缩连接结构

形状就像是有多个"×"——××××××,就像拉手风琴时一样:这种形状能够通过改变它们中间的各个角度进行伸缩,通常都会将这种设计的应用范围放在文具、衣架、家具等其他生活用品种。

如图 7-35 所示,图(a)中的折叠衣架就是运用了这种伸缩连接结构的设计形式,产品简单、小巧,使用过程中可以感受到设计的无穷创意;图(b)中的软盘夹也属于一款伸缩结构在产品设计中的典范。如果在产品的设计中可以进一步考虑到上下的伸缩功能的话,其适用的群体则会更加的广泛。

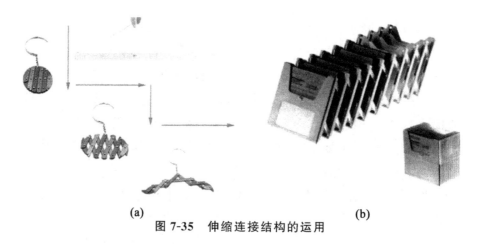

(a)   (b)

图 7-35   伸缩连接结构的运用

(3)"夹"连接结构

"夹"是一种较为综合的设计类型,它的产生和形态、结构、机构、材料等都保持了一定的关系,当"夹"在设计中利用了材料本身的弹性时,就是一种与被夹物品之间的锁扣连接;当"夹"是利用了外来的机构或者结构时,则能够形成另外的连接结构。"夹"的连接结构大多会用在车闸、台灯、衣服夹子、筷子等一些比较常见的家居用品中。

如图 7-36 所示,图(a)中的聚甲醛树脂挂衣钉设计,其设计师就充分利用了聚甲醛树脂所具备的弹性与强韧等相关特征,外形设计十分简单,省略了所有能够省略的相关部件,使产品简洁实用;图(b)中的"自己能站立"的夹子设计,主要是在传统产品的基础上进行的一次再创造,是借靠外部的机构与结构来达到特定的"夹"的目的。

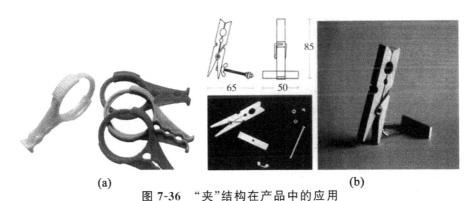

(a)　　　　　　　　　　　　　　　　　(b)

图 7-36　"夹"结构在产品中的应用

(4)锁扣连接结构

在这类产品的形态结构中,主要是运用了产品的材料本身特性或零部件的一系列特性,如塑料的弹性、磁铁的磁性或者按扣的瞬时固定进行连接。它们都具有结构简单、形式灵活、工作可靠等多种优点,这种结构装置对模具的复杂程度增加十分有限,基本上不会影响到产品的生产成本,因此广泛应用在手表带、皮带扣、服装等多种家居用品之中。

如图 7-37 所示,图(a)中的衣物挂钩,是把塑料矿泉水瓶压扁之后,充分利用了塑料瓶的形状特征:平口螺纹,使之与底座之间加以连接,并用瓶盖旋拧固定,这个设计通过塑料瓶自身的特征实现了锁扣的连接,可以算得上是一种就地取材的绿色设计方式;图(b)中的设计是一种折叠式餐具,使用纽扣结构来直接把一张塑料折叠成餐具,造型新鲜多样,使用者能够进行随意的制造想要的餐盒样式。

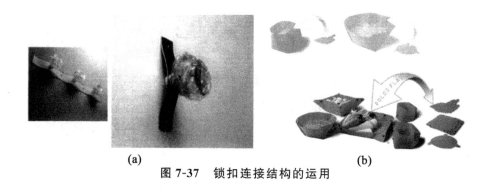

(a)   (b)

图 7-37　锁扣连接结构的运用

（5）榫接连接结构

这种连接结构是一种不可拆的固定式连接结构。在结构方面,连接双方的一方做出了凹口,另外一方则做出了凸榫,将凸榫插入到凹口中去,再用钉子或黏合剂进行固定,这种构成方式我们称之为榫接。榫接形式在很多的产品中都有运用。传统的红木家具、明式家具中,包括很多建筑结构中都运用可榫接的原理,如图 7-38 所示。

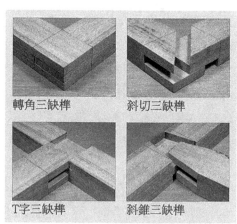

图 7-38　榫接结构图

二、影响产品结构的因素

（一）产品连接结构的形成与影响因素

1.产品形态和连接结构

不同产品的形态要求具有不同的连接结构与其相匹配。同时，不同的连接结构能够产生不同的产品形态，例如，饮料、酒水的瓶盖设计，现在的瓶盖设计比较常见的形式有螺旋式、按压式、拨开式等结构，也因此相应地产生了多种包装瓶型。

2.产品功能和连接结构

具有一些比较特殊功能要求的零部件，可以产生多种不同的连接方式，例如需要起防水、防潮功能的药品包装设计，其连接的结构选择通常都需要有利于药品进行密封的需要。

3.产品材料和连接结构

材料不同其具有的属性也不同，想要选用不同的连接结进行连接。例如，对金属与塑料比较常用的方式是焊接，但是木材的连接方式主要是选择榫接、粘接等。

4.加工工艺与连接结构

加工工艺的优劣与产品生产成本的高低存在直接的关系，产品的巧妙结构设计和选用，能够尽可能地简化生产工艺，降低生产成本。

5.使用者的倾向性选择

由于消费具有比较明显的潮流性，一旦消费者本身表现出对某种产品购买的热情时，就会最大限度地促使相关产品的上市，其中的某种比较理想或者十分经典的连接结构就很可能被多家工厂所采用和推广。

6.操作的安全可靠性

在对连接结构进行选用时，安全性是一个首要考虑的因素。其次，还应该重点考虑连接结构的有效使用寿命，这一点是产品功能得以充分实现的基本保证。

（二）连接结构的分类

根据连接标准的不同，我们能够将产品的连接结构分成不同的种类，如根据连接的原理，能够将其分成机械、粘接与焊接三种连接方式；根据结构的功能以及部件的活动空间，能够分成动连接与静连接结构，如表 7-2 与表 7-3 所示。

表 7-2　不同原理的连接种类与具体形式

连接种类	具体形式
机械连接	铆接、螺栓、键销、弹性卡扣等
焊接	利用电能机型的焊接方式主要包括：电弧焊、埋弧焊、气体保护焊、激光焊；利用化学能进行的焊接方式主要包括：气焊、原子氢能焊与铸焊等；利用机械能进行的焊接方式主要有：烟焊、冷压焊、爆炸焊、摩擦焊等
粘接	黏合剂粘接、溶剂粘接

表 7-3　不同功能的连接种类与具体形式

连接种类	具体形式
静连接	不可拆固定连接：焊接、铆接、粘接
	可拆固定连接：螺纹、销、弹性变形、锁扣、插接等
动连接	柔性连接：弹簧连接、软轴连接
	移动连接：滑动连接、滚动连接
	转动连接

第三节 形态设计修辞方法的运用

一、直叙与移情

（一）直叙

直叙修辞手法即是指创作者采用单刀直入的方式。比如，图7-39 中所示的专门用来挂钥匙的挂钩，设计师借用了钥匙这一符号来召唤出产品缺席的功能属性，其符号的形式和意义之间存在指示性联系。并且，这一替代建立在两者的邻近性基础上。

图 7-39 钥匙挂钩

（二）移情

中国古诗是最注重移情的，诗人以物咏志抒情，抒发了自己的情感和思想，使人体会到含蓄之美。寄情于物就是移情，也就是把自己的感情寄托于艺术对象之中，达到物我同一的境界，产生人和物的共鸣。移情现象是一种外射作用，即把"我"的情感变成事物的属性。"移情说"是西方现代美学中影响较大的学说之一。德国的心理学家和美学家立普斯是审美心理学中"移情说"的代表，他说："移情作用所指的不是一种身体感觉，而是把自己'感'到审美对象里面去。""它是一种位于人自己身上的直接的价值感觉，而不是一种设计对象的感觉。"

阿恩海姆把移情分为四种：(1)视觉移情，给普通对象的形式以生命，例如线转化为性格。(2)经验或自然移情，如风在低吟。(3)氛围移情，如色彩产生情境和表现力。(4)生物的感性表现的移情，如人的表情外貌的意蕴。移情作用侧重于主体心理功能和体验，离开了人的主观感觉，就不存在美。

如图 7-40，这款躺椅有着非常可爱的外形，看上去就像是一滴香浓四溅的牛奶，充满着芬芳与动感。

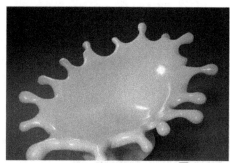

图 7-40　牛奶椅

审美情感不能脱离完整、具体、生动的对象，而对于对象的背景、意义、题材等的理解是极其重要的，正是因为人所拥有的通感和移情等审美机制，才使作品的表达多样而感人，且易于解读。在图形中可以用具体的物代人，也可以用抽象的点线面、色彩、肌理质感来表达人的各种情绪和感受，也可以用此物来表现彼物，通过物与物、物与人的相互关系来表达抽象或具象的内容。移情使表达更丰富，也使艺术作品更易理解、更亲切、更生动。

二、象征与幻想

(一)象征

象征语言是根据事物之间的某种关系,借助人或物作为象征体,去表现某种抽象的概念、思想与情感。比如用大手拉小手表示关爱,用手枪表现暴力等。象征表现手法的关键是要找到恰到好处的代言形象,即象征物,并将其进行艺术处理使其喻意立意高远、含蓄深刻。

象征形态所表现出来的特征,从某些方面看,与联想的表现手法有不少相近之处。形态的象征性语意作用,即为形态的联想效果和隐喻的表现。所谓象征性的表现,就是基于某个具体形态上进行类比暗示以及联想。

例如,小孩看见竹马(骑在胯下的竹竿)时,便会认为这就是马。这时的“马”并非是作为一般的概念,而是意想中的概念。如果没有概念化的马的语言符号,也就不会在意识中产生特定的马的样子。小孩之所以会将竹竿视为马,是因为竹竿作为了功能的替代物。尽管模仿物和被模仿物在外形上已经分离,但其功能却是共有的(马和竹马都是骑在胯下向前奔走),因此,功能便成为形的媒介,通过联系构成象征形态。

比如,图 7-41 中所示的水龙头,设计师运用了石头入水产生涟漪这一充满自然情趣的符号来传达出产品的象征环境意义,这一符号与水龙头之间存在邻近性关系。

现代产品形态的象征作用,逐步从仅以视觉为中心扩大到综合听觉、触觉的知觉领域。

(二)幻想

幻想语言从字面含义上来讲是一种虚构的、非现实的表现手法。

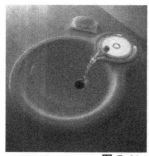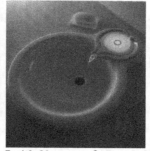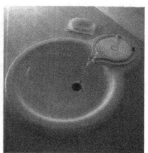

图 7-41　Smith Newnam & Touch 360 studio

　　幻想语言给读者宽阔的想象空间,它给人展示的是一个未来的世界或一个神话中的世界。

　　如图 7-42 所示,设计者塑造了一个世间没有的设计形体,其设计是为了精神上的需要或保持皇权至高无上的需要。由此可见,唯心的图像性是由多物的局部来塑造一个虚伪的形象,其目的是为了保持精神上的需要。

图 7-42　Lane crawford 产品

三、意象与比喻

(一)意象

　　意象语言就是指创作者将主观的"意"与客观的"像"融合在一起,创作出充满诗情画意的作品。意象语言的主要特点是借物抒情,但并不是简单地照搬客观存在,而更多的是在客观存在的基础上进行二次创作使画面既现实又非现实,它是将客观物象经过创作,融入作者独特的情感活动,并通过适当的表现手段完成艺术形象的塑造。

(二)比喻

比喻是用熟悉而具体形象的事物或浅显通俗的道理来描绘人们较陌生的事物,以此说明比较深奥的道理。比喻一般使比喻对象在形与神、外在和内在方面存在相似之处。比喻可以分成明喻、暗喻和借喻三种形式。

1.明喻

明喻是指本体和喻体共同出现在同一产品中,它用一种比较直接的表现方法使主题明确突出。

2.暗喻

暗喻又称隐喻,采用喻体形象出现在画面来引申本体,给人以启发和提示。暗喻是用间接表现的表现手法,即不直接表现对象本身或不只是画面本身的含义,暗喻借助于产品形态和其他有关事物来说明本意,达到欲言又止、回味无穷的效果。

现代主义时期的设计被普遍认为是对男性气质的隐喻,这种状况即使到现在仍占主流。知名设计师菲利浦·斯达克便指出:"今天,80％的产品都摆脱不了一种阳刚之气。"这似乎并不过分。为了使产品具有男性化的气质,设计师努力使产品的形式类似于一系列能够体现这种气质的形式元素,比如简单规则的几何线条和体块、黑灰白的中性色彩、重复秩序性的排列等(图7-43),这种状况是长久以来父权制社会气质的体现,也是西方推崇的理性精神的体现。❶

---

❶　陈浩,高筠.语义的传达·产品设计符号理论与方法[M].北京:中国建筑工业出版社,2009.

图 7-43　现代主义风格的家电设计

　　如图 7-44 埃罗·阿尼奥（Eero Aarnio）设计的不同形式的坐具，共同的主题因为多种多样不同寻常隐喻的运用而显得千变万化，体现了设计师丰富的创意性和想象力。

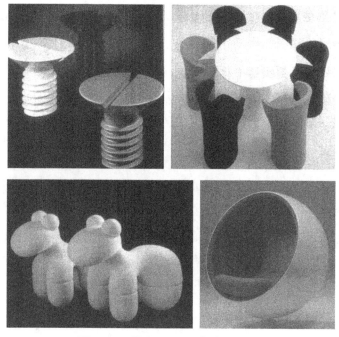

图 7-44　埃罗·阿尼奥产品设计

3.借喻

借喻是比喻的一种,直接借比喻的事物来代替被比喻的事物,被比喻的事物和比喻词都不出现,也就是本体不出现,只出现喻体。如:响鼓还要重槌敲(比喻努力出成绩)。众人拾柴火焰高(比喻团结力量大)。

四、强调与夸张

(一)强调

强调是有意识地将描绘的对象加以改变,拉长或压扁,抽取物象特质或夸张地突出某一局部,目的就是强调某物象的某一特征,从而显现出特殊的视觉效果,使原有的形象特征显得更加鲜明生动,从而增加艺术魅力。如牡丹的夸张变化要突出花瓣的繁多、饱满、富丽的特色,使形象更具有生命力,给人以更丰富的美感。

(二)夸张

夸张是为了表达强烈的思想感情而强调某一创意元素的突出特征,强调图形给视觉上带来的震撼和冲击力,以此达到渲染、感人或滑稽、另类的效果。在形式上,可以分为扩大夸张、缩小夸张、对比夸张等。

1.扩大夸张

故意把客观事物说得"大、多、高、强、深⋯⋯"的夸张形式就是扩大夸张。

2.缩小夸张

把客观事物说得"小、少、低、弱、浅⋯⋯"的夸张形式就是"缩小夸张"。

3.对比夸张

对比夸张就是在同一幅图形中采用两种或多种方法结合使用,其产生的效果更加明显,形成特有的趣味。

图7-45为盖达诺·佩西(Gaetano Pesce)设计的家具,设计师用夸张的形式体现了幽默和喜剧性的效果,对我们习以为常的产品采取了一种对立性的诠释方式。

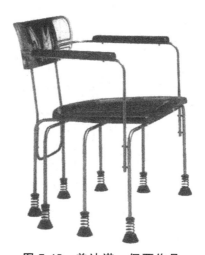

图 7-45　盖达诺·佩西作品

五、借代与拟人

(一)借代

借代是不直接把所要说的事物名称说出来,而用跟它有关系的另一种事物的名称或用局部特征来称呼它。语言中借代的使用可以使表述更深刻且饶有情趣,避免平铺直叙,是一种幽默、风趣、智慧的表达。

例如,图7-46以收音机中的扬声器这个部分替代收音机的整

体形象,可帮助用户更加快捷地了解产品功能。❶

图 7-46　收音机

(二)拟人

拟人就是将一些动物、植物等非人类的物象赋予人类思想、情感,或用人类的语言和行为来诠释隐含的现象。这种表现形式比较活泼,可以随意变化,形式多种多样。其内容包括人物、动物、风景、食物等,一些动物卡通形象设计也常采用拟人的手法。拟人不仅是外形上的模拟,更多的是从内在精神和情趣上的接近。因为人类多是通过表情传达心声,所以形象心理的描写十分关键,它能表现出可爱感、亲切感、幽默感、愉悦感。

六、移用与寓意

(一)移用

在说话或写作当中,有意引用现成话语(语录、诗句、成语、格言、熟语等)以表达自己的思想感情,说明自己对新问题、新道理

---

❶　王坤茜.产品符号语义[M].长沙:湖南大学出版社,2014.

的见解,这种修辞手法叫作引用。

产品各部分形的处理完全是引用过去产品的元素。这里所列举的均属此类。这类产品内部机构与一般产品并无差别,而其别具一格的外壳,则往往成为新的卖点。

如图 7-47 水资源的保护仍然是节约能源和保护我们星球最便利的方式之一。淡水资源非常珍贵。＋Shifter 水龙头运用了汽车变速器的方法来控制用水量。外观容易让人联想到豪华跑车,＋Shifter 的操作方式很新鲜,调节水流大小的过程就像汽车换挡一样,各挡位对应不同的水流大小。车迷们一定会爱上它。

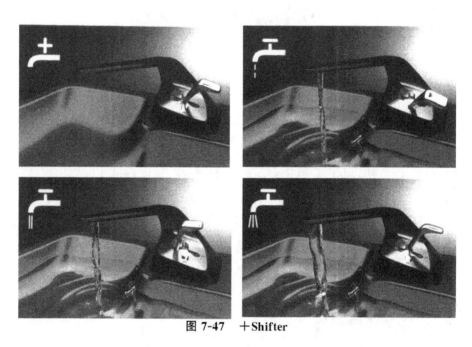

图 7-47　＋Shifter

这也许体现了设计师微弱的抗争。因为以短小、轻薄为主要特征的产品倾向,凸显出制造中的技术因素的重要作用,而日益进步的科技与新材料的开发及其应用,使造型设计所参与的程度变得越来越小。针对这种趋势,设计者们便有"收复失地"之举,这也许就是这种关注外壳设计的主要原因。那些寻求历史文脉、将过去的形态重新组合的,即所谓怀旧感的产品在现实生活中并不少见。从多元化产品的现状来看,这不失为一种有利的方法。

（二）寓意

寓意是寄托或隐含的意思,使深奥的道理从简单的故事中体现出来,具有鲜明的哲理性和讽刺性,和比喻相似。

参考文献

［1］张宪荣.设计符号学［M］.北京：化学工业出版社，2004.

［2］胡飞，杨瑞.设计符号与产品语意［M］.北京：中国建筑工业出版社，2003.

［3］陈浩.语义的传达——产品设计符号理论与方法［M］.北京：中国建筑工业出版社，2005.

［4］柳沙.设计艺术心理学［M］.北京：清华大学出版社，2006.

［5］胡飞.工业设计符号基础［M］.北京：高等教育出版社，2007.

［6］王万书.设计符号应用解析［M］.北京：机械工业出版社，2007.

［7］柳冠中.事理学论纲［M］.长沙：中南大学出版社，2006.

［8］尹定邦.设计学概论［M］.第 1 版.长沙：湖南科技出版社，2001.

［9］何人可.工业设计史［M］.北京：北京理工大学出版社，2000.

［10］闰卫.工业产品造型设计程序与实例［M］.第 1 版.北京：机械工业出版社，2003.

［11］程能林.工业设计概论［M］.北京：机械工业出版社，2002.

［12］赵江洪.设计心理学［M］.北京：北京理工大学出版社，2003.

［13］吴风.艺术符号美学［M］.北京：北京广播学院出版社，2002.

［14］李泽厚.美学四讲［M］.天津：天津社会科学院出版社，2001：11.

［15］周发祥.西方文论与中国文学［M］.南京：江苏教育出版社，1997：11.

［16］中国大百科全书总编辑委员会编辑委员会,中国大百科全书出版社编辑部.中国大百科全书（美术卷）［M］.北京：中国大百科全书出版社，1990：12.

［17］左汉中.中国民间美术造型［M］.武汉：湖北美术出版社，1992：4.

［18］安正康,蒋志伊,于信之.贵州少数民族民间美术［M］.贵阳：贵州人民出版社，1992.

［19］陈慎任.等.设计形态语义学——艺术形态语义［M］.北京：化学工业出版社，2005：7.

［20］戴端,黄智宇,黄有柱.产品设计方法学［M］.北京：中国轻工业出版社，2005.

［21］格雷马斯.结构语义学：方法与研究［M］.上海：三联出版社，1999.

［22］巴特.符号学美学［M］.沈阳：辽宁人民出版社，1987.

［23］Donald A.Norman.情感化设计［M］.付秋芳、程进三,译.北京：电子工业出版社，2005.

［24］Nico H.The laws of Emotion［M］.New York：Basic Books Press，2000.

［25］索绪尔.普通语言学教程［M］.张绍杰,译.长沙：湖南教育出版社，2001.

［26］巴特.符号学原理［M］.王东亮,等译.北京：三联书店，1999.

［27］戴端.形态语义与符号语言的物化同构探究［J］.装饰，2004,(9)：124－125.

［28］朱上上.传递潮流青春和成功——谈造型语义与产品形态［J］.设计新潮，1998：1.

[29]戴端.产品造型设计中"和弦"的探讨[J].装饰,1996.

[30]索振羽.索绪尔的语言符号任意性原则是正确的[J].语言文字应用,1995.

[31]戴端.产品形态语义符号话特征探析[J].装饰,2006.

[32]张宪荣,耿新颜.工业设计的符号学审视[J].包装工程,2002,(3):123-125.

[33]吴志军,那成爱.符号学理论在产品系统设计中的应用[J].装饰,2004,(7):19-20.

[34]张凌浩,刘观庆.内涵型语义在产品识别中的应用[J].无锡轻工大学学报(社会科学版),2001,(4):76-78.

[35]张凌浩.产品造型语意认知的方法及应用[J].装饰,2004,(3):16-17.

[36]巫建,王宏飞.产品形态与工业设计形态观的塑造[J].设计艺术,2006,(1):40-42.

[37]胡飞.基于群体文化学的产品语意设计程序与方法[A].2004年国际工业设计研讨会暨第九届全国工业设计学术年会论文集[C].2004.

[38]刘胜志.产品语义学具体应用方法的研究[D].上海:同济大学,2005.

[39]崔天剑.工业产品语义学思考[D].南京:东南大学,2002.

[40]苏恒.产品语义学研究——隐喻运用于产品设计中的研究[D].南京:南京理工大学,2004.

[41]郁芳.基于符号学的家电产品同质化现象的考察[D].无锡:江南大学,2005.

[42]张帆.基于产品造型的设计符号学研究[D].杭州:浙江大学,2006.

[43]陈浩.产品语义与消费者认知心理[D].上海:东华大学,2005.

[44]刘瑗.产品语义的生成要素、方法及认知研究[D].武汉:武汉理工大学,2003.

[45]王华勇.产品设计中的信息传达要素之研究[D].武汉:武汉理工大学,2005.

[46]李乐山.产品符号学的设计思想[DB/OL].设计在线,2004.

[47]曹金明.图形与符号[DB/OL].设计在线,2002.

[48]黄敏.设计中的符号学[DB/OL].设计在线,2001.

[49]祝文宾.实用层面符号学析[DB/OL].设计在线,2004.

[50]汪晓春.产品设计中界面的隐喻.世纪在线中国艺术网(www.cl2000.com),2005.

[51]李乐山.产品符号学的设计思想[J].装饰,2002(04).

[52]黄敏.设计中的符号学[DB/OL].设计在线,2001.